普通高等教育"十二五"规划教材
河南省省级精品课程教材
河南科技大学教材出版基金项目

C 语言上机实验指导

刘欣亮　王爱珍　主编

高艳平　俞卫华　张倩茜　副主编

普杰信　主审

电子工业出版社
Publishing House of Electronics Industry
北京·BEIJING

内 容 简 介

本书是河南省省级精品课程"C语言程序设计"的配套教材。本书配套主教材《C语言程序设计》（刘欣亮、李敏主编）使用。全书以 Visual C++ 6.0 作为 C 语言程序开发环境，包括 C 语言编译环境概述、上机实验指导（基础篇）、上机实验指导（进阶篇）、各章习题部分答案及附录等内容。本书以启发式案例引导学生进行 C 语言上机实验，内容全面、题型丰富、实用性强。

本书适合作为高等院校非计算机各专业"C语言程序设计"课程的实验教材，也可作为计算机程序设计人员的参考书。

图书在版编目（CIP）数据

C语言上机实验指导/刘欣亮，王爱珍主编. —北京：电子工业出版社，2013.1
ISBN 978-7-121-18838-1

Ⅰ. ①C… Ⅱ. ①刘… ②王… Ⅲ. ①C语言-程序设计-高等学校-教学参考资料 Ⅳ. ①TP312

中国版本图书馆 CIP 数据核字（2012）第 257607 号

策划编辑：严永刚
责任编辑：谭海平　　文字编辑：严永刚
印　　刷：北京中新伟业印刷有限公司
装　　订：北京中新伟业印刷有限公司
出版发行：电子工业出版社
　　　　　北京市海淀区万寿路 173 信箱　邮编　100036
开　　本：787×1092　1/16　印张：14.75　字数：377.6 千字
版　　次：2013 年 1 月第 1 版
印　　次：2014 年 12 月第 4 次印刷
定　　价：25.00 元

前　言

"C 语言程序设计"是一门实践性很强的课程，要掌握 C 语言程序设计的方法，必须加强上机训练，积累经验，最终达到课程的要求，因此上机实验是学好 C 语言程序设计的重要环节。

本书配套主教材《C 语言程序设计》(刘欣亮、李敏主编)使用，获得了河南科技大学教材出版基金项目的资助。全书以 Visual C++ 6.0 作为 C 语言程序开发环境，包括 C 语言编译环境概述、上机实验指导(基础篇)、上机实验指导(进阶篇)、各章习题部分答案及附录等内容。全书以启发式案例引导学生进行 C 语言上机实验，内容全面、题型丰富、实用性强。

本书适合作为高等院校各专业"C 语言程序设计"课程的实验教材，也可作为计算机程序设计人员的参考书。

上机实验指导(基础篇)编写了 10 个实验，以满足基本的教学需求。上机实验指导(进阶篇)给出了较多的实际应用案例，以满足读者深入学习 C 语言的需求。本书内容由浅入深，循序渐进，能充分调动学生的学习兴趣，提高学生分析问题和解决问题的能力。实验内容由程序阅读、程序填空、程序改错和程序设计等部分组成，特别是程序设计部分给出了详尽的算法提示、编程思路，可使初学者能够快速掌握 C 语言程序设计的方法。

为培养初学者良好的程序设计风格，本书给出了详细且严格的程序书写标准，每个程序也都采用这个标准书写。

本书由长期从事一线教学的教师和具有多年 C 语言实际项目编程经验的工程技术人员编写，全书由普杰信教授负责主审，刘欣亮、王爱珍担任主编，高艳平、俞卫华、张倩茜担任副主编。高艳平编写了第 1 章以及第 2 章的实验 4～9；王爱珍编写了第 2 章的实验 1～3；俞卫华编写了第 3 章的实验 10～15；张倩茜编写了各章的部分习题答案及所有附录；商丘工学院郝扬满参与了部分实验的编写以及本书的审订工作。另外，田伟莉、石静、聂世群、孙素环以及洛阳众智软件科技服份有限公司的技术人员参加了程序的调试工作。在本书的编写过程中，参阅并引用了国内外诸多同行的著作，在此向他们表示致意。

由于作者学术水平有限，书中错误和不妥之处在所难免，敬请读者批评指正，在此表示由衷的感谢。

2012 年 12 月

目　　录

第1章 C语言编译环境及上机指导

C语言自诞生以来，开发环境经过了多年的发展和完善，从早期的命令行编译连接方式逐渐演化成集成的开发环境，并随着操作系统的不断提升而日渐强大。本章将介绍目前比较流行的 Visual C++ 6.0 开发环境的基本使用方法，为顺利完成后续实验奠定基础。

1.1 C语言程序的开发过程

程序的开发过程是指从输入 C 语言的源程序到生成正确执行程序的过程，包括编辑、编译、连接、运行调试等。

1.编辑(Edit)

编辑是通过 Visual C++ 6.0 的编辑环境输入 C 语言的源程序，并形成扩展名为.c 的文件的过程，该文件称为 C 语言的源程序。

2.编译(Compile)

C 语言是编译型的高级语言，编译的主要作用是检查源程序是否有语法错误，如果源程序中存在语法错误，则给出错误信息。出现错误后必须回到编辑状态找到并修改错误，再次编译，不断反复，直到没有语法错误。编译成功后，将生成与源程序同名而扩展名为.obj 的文件，该文件是二进制机器码，也称为目标文件。

3.连接(Link)

连接的主要作用是将程序中使用的系统库函数代码连接到目标文件中，形成可以执行的程序。该程序一般是与源程序同名而扩展名为.exe 的文件，也称为可执行文件。

4.运行调试(Run/Debug)

运行调试的目的是验证程序功能的正确性。一般是通过输入典型数据验证程序的结果是否正确。对于较小规模的程序，运行调试比较简单，较大规模的程序必须通过 Visual C++编译环境提供的工具和方法进行调试，后续内容将对其做详细的介绍。

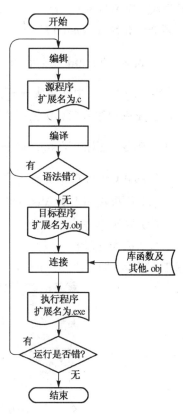

图 1-1 C语言程序开发流程

C 语言程序开发的过程可以表示为如图 1-1 所示的流程。目前的 C 语言开发环境对以上流程的各个操作进行了集成，形成了所谓的 IDE，即集成开发环境，用户的编辑、编译、连接、运行调试都可以在一个集成界面的环境下实现，方便用户使用。

1.2　Visual C++ 6.0 开发环境

为了方便管理 C 语言程序，在启动 Visual C++ 6.0 集成开发环境前，可首先在某个磁盘上创建一个文件夹，以便存放 C 语言程序。例如，在 E 盘按班级及姓名创建一个新的文件夹"E:\自动化121 张三"。

1.2.1　Visual C++ 6.0 集成开发环境简介

Visual C++ 6.0 是 Microsoft 公司提供的基于 Windows 的 C++/C 集成开发环境，可以开发各类应用程序，如命令行、Windows 应用程序等。Visual C++ 6.0 内置了 Microsoft Foundation Class(MFC)，通过简单的继承可以生成丰富的 Windows 应用程序。同时提供了 MSDN 在线联机文档，更加便于用户获取在线帮助。

C++语言是在 C 语言的基础上发展起来的，它增加了面向对象的编程思想，成为目前主流的程序设计语言之一。Visual C++是微软公司开发的面向 Windows 平台的 C++语言开发环境，它不仅支持 C++语言，也支持 C 语言，成为常用的 C++语言和 C 语言的开发平台。下面详细介绍在 Visual C++ 6.0 编译环境下运行 C 语言程序的步骤。

1.2.2　Visual C++ 6.0 集成开发环境安装

Visual C++中文版集成开发环境的安装比较简单：在输入"Setup"并执行后，可以按照提示信息完成程序安装，这里不再详述。

1.2.3　启动 Visual C++ 6.0 集成开发环境

Visual C++ 6.0 集成开发环境安装完毕后，可通过以下多种方式启动。

（1）如果桌面上有 Visual C++ 6.0 的快捷方式图标，双击即可启动。

（2）右键单击 C 语言或 C++语言的源程序，在打开方式中选择 Visual C++ 6.0。

（3）选择"开始"→"程序"→Microsoft Visual Studio 6.0→Microsoft Visual C++ 6.0，如图 1-2 所示，即可启动 Visual C++ 6.0 集成开发环境。

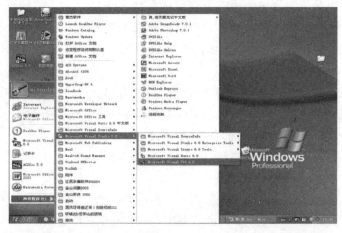

图 1-2　启动 Visual C++ 6.0

启动后的 Visual C++ 6.0集成开发环境如图1-3所示。

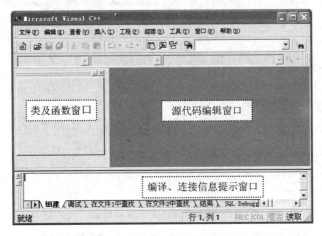

图1-3　Visual C++ 6.0集成开发环境

1.2.4　开始一个新程序

1. 创建文件

单击菜单中的"文件"→"新建"命令，弹出"新建"对话框，在"新建"对话框中选择"文件"选项卡。在左边列出的选项中，选择"C++ Source File"；在右边的相应对话框中，输入文件名"ex1.c"，并输入保存的位置，如图1-4所示。

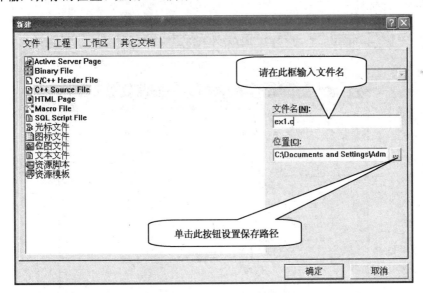

图1-4　创建新的C源文件

单击图1-4中所示的浏览按钮 ，打开"选择目录"对话框，选择源文件的保存路径，如图1-5所示，选择保存路径为"E:\自动化121张三"，连续单击"确定"按钮。

如图1-6所示，这就完成了源文件的起名和保存位置的设置。再单击"新建"对话框右下方的"确定"按钮。

进入Visual C++ 6.0集成环境的源代码编辑窗口，如图1-7所示。

图 1-5　设置源文件保存路径

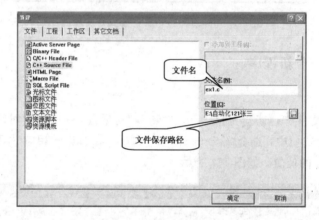

图 1-6　新程序的设置

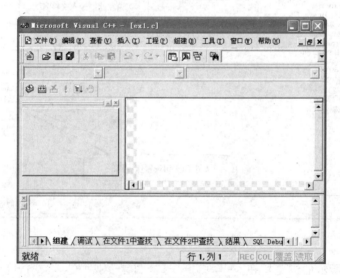

图 1-7　C 源代码编辑窗口

2. 代码编辑

在 Visual C++ 6.0 源代码编辑窗口中，输入源程序代码，单击"保存"按钮或按快捷键 Ctrl＋S 保存。例如，输入如下所示的源代码，完成后如图 1-8 所示。

程序源代码：

```c
/* ex1.c */
/* C语言的第一个程序 */
int main( )
{
    printf("This is my first C programe\n");
    printf("Welcome to C world\n");
    return 0;
}
```

图 1-8   ex1.c 的源代码

Visual C++ 6.0 支持文本块选定、复制(Ctrl+C)、移动、粘贴(Ctrl+V)等常见编辑手段。尽量利用这些技巧提高源文件编辑效率。

3. 程序的编译、连接与运行

(1) 编译

单击菜单"组建"→"编译[ex1.c]"命令(或单击工具栏上的按钮 ，或按快捷键 Ctrl+F7)，如图 1-9 所示。

执行编译命令后，若在当前目录下本程序是第一次编译，将弹出如图 1-10 所示的第一个对话框，询问是否创建一个项目工作区，选择"是(Y)"(Visual C++ 6.0 集成开发环境会自动在 ex1.c 文件所在文件夹中建立相应的项目文件)。若在当前目录下曾编译过该程序，将依次弹出如图 1-10 所示的两个对话框，询问是否创建一个项目工作区并覆盖原有的工作区，都选择"是(Y)"。

编译时，在下方的输出框中将显示相应的编译说明。如果代码编译无误，最后将显示"ex1.obj — 0 error(s), 0 warning(s)"，如图 1-11 所示。

若编译没有错误(error)和警告(warning)，编译成功后，将生成目标文件 ex1.obj。目标文件(.obj)不能被计算机直接执行，要将目标文件(.obj)和相关的库函数或其他目标文件连接后，才能成为可执行程序(.exe)。

(2) 连接

通常情况下，单击菜单"组建"→"组建[ex1.exe]"命令，如图 1-12 所示(或单击工具栏按钮 或按快捷键 F7)。

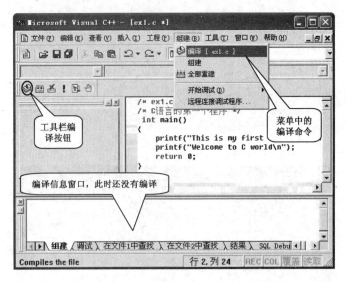

图 1-9　编译源程序

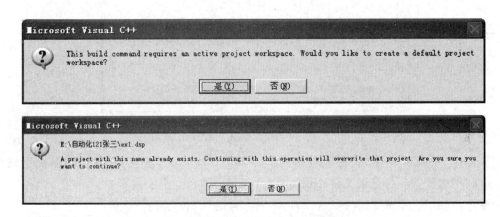

图 1-10　是否创建程序工作区的提示

图 1-11　编译结果

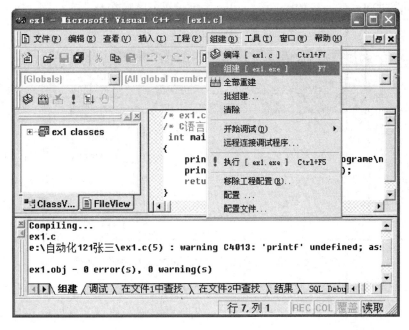

图 1-12　连接过程

连接时，在下方的输出框中将显示相应的连接说明。如果程序各部分连接无误，最后将显示"ex1.exe － 0 error(s), 0 warning(s)"，如图 1-13 所示。

图 1-13　连接结果

以上步骤可以生成一个调试版程序，通常做编程调试练习时都可以这样做。如果想生成一个发行版程序，可单击菜单"组建"→"批组建"命令，这时将弹出如图 1-14 所示的对话框。

选中 ex1-Win32 Release 复选框，生成的可执行文件就是发行版的程序，否则生成的是调试(Debug)版的程序。

单击"创建"按钮，生成可执行文件 ex1.exe。如果在"批组建"对话框中选中了两个复选框，可以看到程序中生成了两个 ex1.exe 可执行文件：一个文件为调试版本，存储在与 ex1.c

同一文件夹下的 Debug 文件夹中；另一个是发行版本，保存在与 ex1.c 同一文件夹下的 Release 文件夹中。

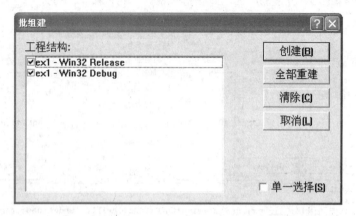

图 1-14　Visual C++ 6.0 集成环境下批组建对话框

这一步只是为了生成发行版的程序文件，只有在程序准备发行时才需要执行"批组建"命令，在平时的练习中，只需要执行"组建"命令，生成调试版可执行文件即可。

（3）运行

编译、连接完成后，ex1.exe 已经是一个独立的可执行程序，它可以在 Windows 资源管理器中直接运行，也可以在 Visual C++ 6.0 集成开发环境中运行。

单击菜单"组建"→"执行［ex1.exe］"命令（或单击工具栏按钮 ❗，或按快捷键 Ctrl＋F5），此时弹出一个控制台程序窗口，在此窗口中看到的就是程序运行的结果，如图 1-15 所示。按任意键后返回 Visual C++ 6.0 集成开发环境。此时完成了一个 C 程序的编辑、编译、连接、运行和查看结果等全部步骤。

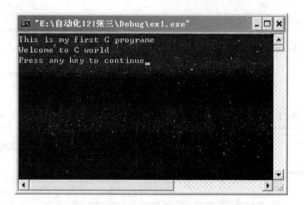

图 1-15　Visual C++ 6.0 集成环境下程序运行结果

注意：Press any key to continue 是系统显示的提示，提示用户按任意键可以返回到集成开发环境窗口，它不属于程序运行的结果。

4. 保存与关闭工作空间

当一个 C 程序运行完成后，应该将工作保存下来，并关闭工作空间，以便做下一个新的程序。单击菜单"文件"→"保存全部"，然后再单击"文件"→"关闭工作空间"菜单命令，这时会出现询问确认要关闭所有文档的窗口，选择"是（Y）"，如图 1-16 所示。

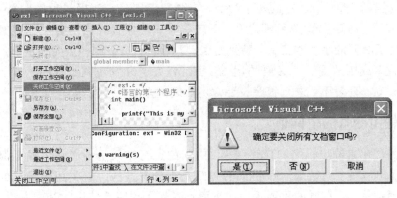

图 1-16　关闭工作空间

注意：完成一个程序的编辑、调试、运行工作之后，必须关闭该程序的工作空间，才能编辑、调试下一个程序，否则下一程序连接时将会出错。此时，出错的信息如下所示：

```
Linking...
ex2.obj：error LNK2005：_main already defined in ex1.obj
Debug/ex2.exe：fatal error LNK1169：one or more multiply defined symbols found
执行 link.exe 时出错.
c1-1.exe-1 error(s)，0 warning(s)
```

5. 打开已有的文件

在打开已有的文件时，一定要先确认关闭了当前打开的所有工作空间，然后单击菜单"文件"→"打开"命令，或者使用常用工具栏上的打开按钮 ☞，选择一个已经存在的后缀名为.c 的源文件，例如在前面创建的 ex1-1.c 文件，然后打开。也可以从查找范围后面的下拉框中选择其他路径，打开其他已经存在的 C 源程序，如图 1-17 所示。

图 1-17　打开一个已经存在的 C 程序

6. 重新开始一个新的程序

关闭所有工作空间，按照本小节中 1～4 所介绍的步骤创建并输入新程序的源代码。

1.3　程序调试方法

当运行结果与预期结果不符时，说明程序算法存在错误，这类错误一般称为逻辑错误。与语法错误不同，编译检查无法发现逻辑错误，必须通过其他的手段查出逻辑错误，并在源程序中改正，再重复编译、连接、运行的各个过程，直到程序正确。逻辑错误的判断、定位、修改通常要比通过编译检查语法错误困难得多，不仅依赖于程序设计者对算法的理解以及编程的经验，还需借助于必要的手段和工具，特别是大型程序的开发，这一点尤为重要。所以 C 语言的编译环境都或多或少地提供了必要的调试工具，以方便开发者调试程序。本节将简单介绍在 Visual C++ 6.0 环境下，进行程序设计常用的调试方法和手段。

1.3.1　输出变量的中间值

输出语句的作用是输出程序的最终结果，中间的运行结果是不必输出的。但是在程序的调试过程中，输出一些中间结果对于错误的判断是十分有益的。这类用于调试的输出语句可以配合条件编译使用，是调试的重要手段。下面通过例子说明其使用的基本方法。

例如，求级数和 $s = 1+2+3+\cdots+10$ 的程序代码如下：

```c
/* ex2 */
#include "stdio.h"
int main( )
{
    int i,s;
    for(i = 1; i <= 10; i++)
    {
        s = s + i;
    }
    printf("1+2+3+...+10 = %d\n", s);
    return 0;
}
```

在 Visual C++ 6.0 环境下，编译程序没有语法错误，可以执行，其运行结果如图 1-18 所示。

图 1-18　程序运行结果

虽然程序没有语法错误，但从图 1-18 可以看出，运行结果明显是错误的，10 个正数的累加和不可能为负数。为了定位错误，可以在循环的累加过程中加入输出语句，输出每次累加前变量 s 的值。为方便使用，可以通过条件编译加入该语句，改进的代码如下：

```c
/* ex2 */
#include "stdio.h"
#define DEBUG              /* 宏定义语句 */
int main( )
{
    int i, s;
    for(i = 1; i <= 10; i++)
    {
        #ifdef DEBUG          /* 条件编译 */
            printf("%d\n", s);
        #endif
        s = s + i;
```

```
    }
    printf("1+2+3+...+10=%d\n", s);
    return 0;
}
```

显然，通过♯define 定义标识符 DEBUG，则程序段

```
♯ifdef DEBUG
    printf("%d\n",s);
♯endif
```

满足条件编译，输出变量 s 的值。调试完成后，只要注释掉♯define DENBUG 宏定义语句，则 printf("%d\n", s);语句就不再参加编译，这样做的好处是程序中多处的调试代码不必逐一删除，只需注释掉♯define DENBUG 宏定义语句即可。

在 Visual C++ 6.0 环境下,其运行的中间结果如图 1-19 所示。

从运行结果看，循环输出了 10 次累加前的 s 值，每次 s 的值按 i 的变化递增，也就是累加 i 是正确的。但在没有累加之前，s 的值是 −858993460 而不是 0，这就意味着产生错误的原因是：在 s 循环累加之前没有为 s 赋初值 0。因此，将 s=0;语句加在 for 循环前，程序就正确了。然后，注释掉♯define DENBUG 宏定义语句，再次编译程序，运行结果正确。

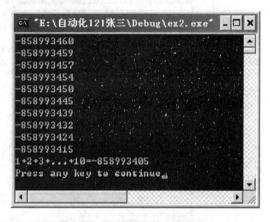

图 1-19　程序运行的中间结果

在源代码中添加输出语句，输出程序的中间执行结果，对于寻找程序逻辑错误有很大帮助，但对于复杂的程序或比较隐蔽的逻辑错误，这种方法就不太方便有效了，此时可以采取新的调试手段：单步追踪运行程序。

1.3.2　单步追踪

单步追踪也称单步运行，是编程环境配备的调试工具中最常见的一种。单步运行是指每执行一条语句后即停止，观察当前各个变量的值，然后启动再执行下一条语句，如此一步一步地运行程序。这种方法可以观察程序中每条语句的执行过程并动态观察变量的值，便于在调试中发现错误。

下面通过实例说明 Visual C++ 6.0 下单步运行的使用方法。

例如，求级数 $s = 1 + \frac{1}{2} + \frac{1}{3} + \cdots + \frac{1}{10}$ 的程序代码如下：

```
/* ex3 */
♯include "stdio. h"
int main( )
{
    float s;
    int i;
    s =0;
    for(i = 1; i < 10; i++)
    {
```

```
            s += 1 / i;
        }
        printf("s = %7.2f\n", s);
        return 0;
    }
```

将程序编辑、编译、连接、运行后，输出 s 的值是 1.00，显然程序运行结果是错误的。错误的原因可能是累加过程不符合要求。

下面通过 Visual C++ 6.0 的单步运行功能解释调试的过程。

启动 Visual C++ 6.0 环境，输入程序、编译连接运行后即可进行单步调试。选择"组建"→"开始调试/Step Into"命令，或按快捷键 F10，如图 1-20 所示。其作用是单步进入主函数准备调试运行。

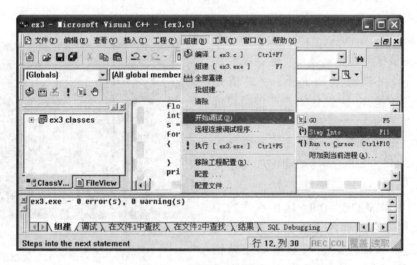

图 1-20　单步进入调试窗口

进入调试窗口，如图 1-21 所示。

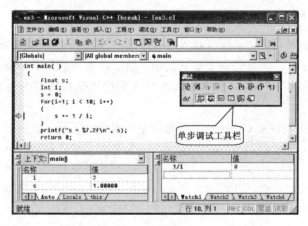

图 1-21　调试时单步运行界面

执行后进入调试窗口，调试窗口的 Debug 菜单提供了 3 种单步运行方式，即 Step Into、Step Over 和 Step Out。表 1-1 是各单步运行方式对应的快捷键及其运行方式。

表 1-1　单步运行方式的快捷键及其运行方式

单步运行方式	快　捷　键	运　行　方　式
Step Into	F11	进入函数运行
Step Over	F10	不进入函数运行
Step Out	Shift + F11	退出函数运行

用户可以直接按快捷键执行单步运行,也可以在菜单中选择相应命令。Step Into 为进入函数方式,表示运行将进入调用的函数在函数中单步运行,可以通过 Step Out(或按 Shift＋F11)退出函数运行。Step Over 为不进入函数方式,将单步运行时的函数调用作为一条语句执行,而不进入函数内部单步运行。一般在调试自定义函数时,选择 Step Into(F11)方式单步运行,其他都应选择 Step Over(F10)单步方式运行,特别是调用库函数的语句,都应选择 Step Over(F10)单步方式运行,不要进入库函数的内部。

图 1-21 所示的调试界面中除了菜单栏、工具栏外,系统还提供了 3 个窗口,中间的是正在调试的源程序代码窗口,左面黄色箭头指向的语句是将要单步运行的语句。下面左边的表格窗口列出了主函数中当前变量的瞬时值,从表中可以看到 i 的值是 3,s 的值是 1.00000。在下面右边的表格窗口中,用户可以在“名称”栏填入数据、表达式,“值”栏则显示其值。本例中“名称”栏是级数表达式 1/i,“值”栏显示其值是 0,说明级数项表达式错误,产生错误的原因是在 C 程序中两个整数相除,商取整数,因此,i(分母)大于 1 时,表达式 1/i 的结果为 0,累加到和变量 s 上的是 0,即 1/2 以后的数据项根本没有参加累加。找到错误原因后,可将表达式 1/i 改为 1.0/i,程序即可正确运行。调试完成后,选择菜单 Debug→Stop Debugging(或按快捷键 Shift＋F5)退出调试环境,返回编程环境。

从例子及其说明可以看到,单步运行在程序设计的调试中对于监视程序运行情况、发现程序错误是十分有用的工具。

1.3.3　设置断点

当程序规模较大时,利用单步运行调试程序,一步一步运行代码十分不便。为此,开发环境提供了断点运行方式。所谓断点,是指一个标志,当程序运行到断点处时则暂停运行,此时用户可以观察、分析程序,以发现程序中存在的问题。设置断点可以分段调试程序,提高调试效率。

利用断点运行方式调试程序,首先必须设置断点,断点的设置方法如下:

(1) 编辑程序,并通过 Build 菜单的 Build 命令生成.obj 文件和.exe 文件。

(2) 将光标移动到需要设置断点的语句行,按 F9 键,或单击鼠标右键,在出现的菜单中选择 Insert/Remove Breakpoint 命令,如图 1-22 所示。

(3) 设置断点后的语句行前面会出现一个棕色圆点,表示该语句行为断点。利用同样的方法可在程序中设置多个断点,如图 1-23 所示。

(4) 利用断点调试可以选择菜单 Build→Start Debug/Go(或按快捷键 F5),系统转入调试界面并自动运行到第一个断点处停止。接下来可以按单步运行的方式调试或继续按 F5 键运行到下一个断点。

(5) 需要取消断点时,可以将光标移动到已设置断点的语句行,单击右键选择 Remove Breakpoint 菜单或按快捷键 F9 取消已设置的断点。

程序的调试是程序设计的重要环节。上面提供了调试程序的简单方法和手段。熟练地掌握这些方法和手段对于程序的调试是十分有益的。通过实验不断地学习和进步，可以为大规模程序设计的调试奠定必要的基础。

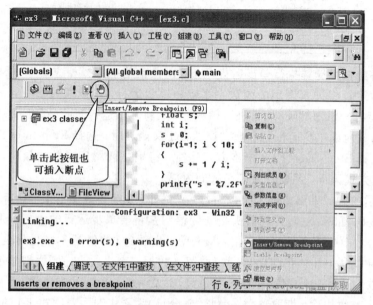

图 1-22　断点设置方法

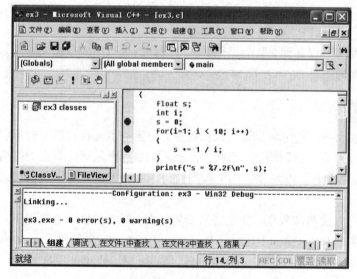

图 1-23　设置后的断点

　　需要注意的是，进行单步调试的前提是，源程序代码没有语法错误，程序能够编译、连接、运行，但是程序运行结果不正确，存在逻辑错误，这时可以采用分步调试，注意观察每一步执行时，变量的值是否正确，可以比较快速地找出程序中存在的逻辑错误。

　　Visual C++ 6.0 提供了复杂完备的调试工具和调试环境，在此不过多详述，读者可以通过 MSDN 提供的帮助进一步了解学习。

1.4　程序调试常见错误

1.4.1　语法错误

C 语言程序设计中，语法错误不可避免。当源程序存在语法错误时，C 语言集成编译环境会给出错误提示信息，必须学会阅读和理解这些提示信息，通过错误提示信息去修改源程序代码，改正语法错误，使程序能够顺利通过编译。但是，Visual C++ 6.0 编译环境给出的语法错误提示信息是英文的，这些提示信息中又包含大量的计算机专业词汇，很多初学者对于弄懂这些信息的含义感到很头疼，当程序出现语法错误时不去查看错误提示信息，盲目检查所有源代码行，这种做法事倍功半，浪费了很多时间也未必能将错误一一找出来。下面介绍一种找错的有效方法——在提示的错误行查找。

如图 1-24 所示，可以在错误信息的前面看到"···\ex3.c(8)：···"，省略号代表该文件所在的文件夹路径，"ex3.c"是正在编辑的源文件的名字，"(8)"表示第 8 行，即该条错误提示信息提示的错误在第 8 行。当鼠标单击文件编辑区域时，可以在状态栏看到当前光标所在的行与列，根据状态栏的信息将鼠标移动到错误所在行，查找错误原因，而不必一行一行地去数行数，观察提示行有没有语法错误，如果确实找不到语法错误，那么可能存在以下两种情况。

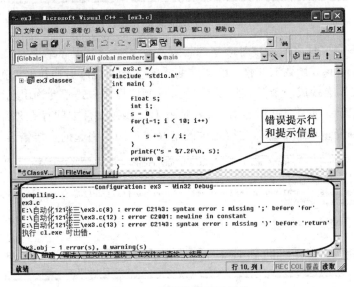

图 1-24　观察错误提示信息

（1）由于 C 语言语法比较自由、灵活，因此错误信息定位不是特别精确。例如，当提示第 8 行发生错误时，如果在第 8 行没有发现错误，从第 8 行开始往前查找错误并修改之。

（2）一条语句错误可能会产生若干条错误信息，只要修改了这条错误，其他错误信息会随之消失。一般情况下，第一条错误信息最能反映错误的位置和类型，所以调试程序时务必根据第一条错误信息进行修改，修改后，立即重新编译程序，如果还有很多错误，就要一个一个地修改，但要注意每修改一处错误都要重新编译一次程序。这样可以最快地通过编译。

对于简单的语法错误，可以通过观察提示行去寻找并修改语法错误，但大部分时候，观察并不是最有效的方法，一定要利用好错误提示信息。编译阶段的语法错误提示信息主要可以分为错误(errors)和警告(warnings)，对于错误，必须改正源程序来消除错误信息；对于警告，读者可以自己阅读提示，如果认为警告并不影响程序的执行，可以忽略。针对很多初学者看不懂英文提示信息的情况，本书附录 C 摘录了常见的一些错误提示信息及其译文，并给出了可能出错的原因，读者可以自行查阅。

1.4.2 连接错误

连接错误主要是在编译成功之后的连接(组建)阶段出现的错误，一般分为如下几种。

(1) 本文件和库函数连接时产生的错误，主要是库函数所在的头文件包含不正确，或者库文件名书写错误等。例如，图 1-25 所示是一个连接错误的提示，图中提示的错误原因是"printf"库函数名拼写错误。

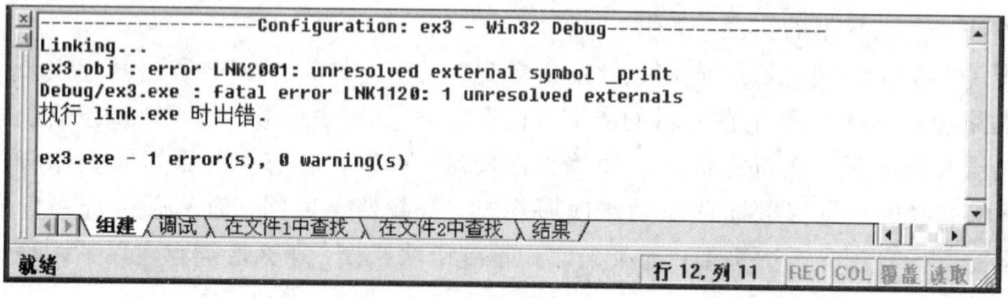

图 1-25　连接错误提示信息 1

(2) 程序中多个文件之间连接时产生的错误。例如，一个程序结束时，未关闭工作空间，就新建另一个包含 main 函数的文件，此文件编译时不会有错，但连接时，就会出现将两个包含 main 函数的文件连接成一个 C 程序的情况。一个 C 程序中是不允许出现两个主函数的，这时就会产生连接错误，如图 1-26 所示。或者是由于被连接文件之间存在外部变量或者外部函数，但没有对外部变量或外部函数进行正确的定义或声明而引起的连接错误。

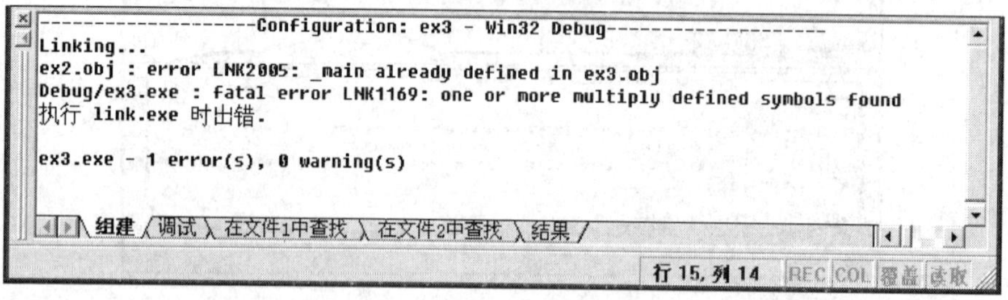

图 1-26　连接错误提示信息 2

编译错误的编号一般是以 C 开头的，如"error C2143"，而连接错误的编号通常是以 LNK 开头的，如"error LNK1120"。

1.4.3 逻辑错误

程序正确地通过了编译和连接环节，但运行结果不正确，一般说明程序存在逻辑性错误，即算法的逻辑错误。逻辑错误有时是由于程序设计者设计的算法本身有逻辑错误，也有可能是源程序中漏写了括号或者多写了其他标点符号，导致程序的逻辑流程发生了改变，背离程序设计者原先的算法意图而导致的。逻辑错误通过直接观察是很难发现的，尤其是一些非常隐蔽的错误，这种情况只能依靠 1.3 节所介绍的 3 种不同的调试方法去发现，同时也要依赖程序调试者的经验。本书附录 B 提供了初学者经常出现的一些错误，请自行查阅参考。此外，编辑程序时，请按照本书附录 A 所提供的 C 语言程序书写规范来编辑，以便尽量减少错误。

1.5 Visual C++ 6.0 编译环境常用快捷键

熟悉和使用 Visual C++ 6.0 编译环境下的常用快捷键，可以提高程序编辑、编译、运行调试的效率。表 1-2～表 1-4 中摘录了部分常用的快捷键。

表 1-2 Visual C++ 6.0 的快捷键和使用说明

名　　称	功　　能
F1：帮助	如果光标停在代码的某个字符上，显示 MSDN 中相应的帮助内容
F2：书签功能	Ctrl＋F2——在某行设置一个书签（再按一次则取消）
	F2——跳到下一个书签位
	Shift＋F2——跳到上一个书签位置
F3：查找	Ctrl＋F3——在文件中查找，如果当前光标在一个字符串上，那么自动查找此字符串。相似的有 Ctrl＋F
	F3——查找文件中的下一个串
	Shift＋F3——查找文件中的上一个串
F4：如果是编译后或 Find in Files 后，可以逐条定位	Ctrl＋F4——关闭文件
	Alt＋F4——关闭 VC（与 Windows 定义的一样）
F5：编译并通过 VC 执行	Ctrl＋F5——不经过 VC，直接执行编译后的.exe 文件
	Shift＋F5——按 F5 键运行后，直接从 VC 中停止程序
	Ctrl＋Shift＋F5——重新开始运行
F6	Ctrl＋F6——切换窗口，在当前打开的 C 源文件之间切换窗口
F7：编译工程	Ctrl＋F7——编译当前文件
	Alt＋F7——打开工程设置对话框
F8：选择的粘滞键	Alt＋F8——选中的代码书写格式对齐
F9：设置断点	Ctrl＋F——删除所有断点
	Alt＋F9——显示编辑断点的对话框
	Ctrl＋F9——断点无效
F10：单步执行（Debug 时）	Ctrl＋F10——执行到光标所在行
	Shift＋F10——弹出快捷菜单
F11：跟踪时进入函数内部	Shift＋F11——跳到上一层调用栈

表 1-3 编辑常用快捷键

名　　称	功　　能
Ctrl＋Z	撤销（Undo）
Ctrl＋Y	恢复（Redo）
Ctrl＋S	保存
Ctrl＋F	查找
Ctrl＋G	跳到文件中第 n 行
Ctrl＋H	替换
Ctrl＋J,Ctrl＋K	＃ifdef…＃endif 查找配对
Ctrl＋L	剪切一行

名　　称	功　　能
Ctrl＋}	匹配括号( ),{ }
Ctrl＋Tab	切换打开的文件视图(如果按住 Ctrl 键，顺序向后切换)
Tab	选中后，整体后移一个制表符
Shift＋Tab	选中后，整体前移一个制表符
Ctrl＋PgUp	逆序切换工作区视图
Ctrl＋PgDn	顺序切换工作区视图

表 1-4　调试常用快捷键

Shift＋F9	QuickWatch，并显示光标所在处的变量值
Alt＋3 Watch	查看窗口
Alt＋4	Variables，监视变量(常用)
Alt＋5	显示寄存器
Alt＋6	显示内存(常用)
Alt＋7	显示堆栈情况
Alt＋8	显示汇编码

此外，Visual C++ 6.0 没有设置打开/关闭工作区的快捷键。如果觉得不方便，读者可以自己设置：菜单"工具"→"定制"→"键盘"命令，选中 workspaceopen/workspaceclose 命令，输入想要设置的快捷键(如 Ctrl＋和 Ctrl＋/)即可。

第 2 章　上机实验指导(基础篇)

2.1　实验 1　C 语言表达式

2.1.1　实验学时: 2 学时

2.1.2　实验目的

1.掌握 C 语言整型、字符型、实型变量的定义。

2.掌握 C 语言中算术运算符及其表达式的使用。

2.1.3　预习内容

预习主教材第 2 章,熟悉 C 语言的数据类型,熟悉 C 语言表达式的构成、运算规则等内容。

2.1.4　实验内容

1.阅读程序,分析结果,并上机验证。

(1)阅读下面的程序,理解符号常量的使用。

```
/* ex1-1 */
/* C 语言表达式使用的第一个程序 */
# define PRICE 55
# include "stdio. h"
int main( )
{
    int t, n = 10;
    t = n * PRICE;
    printf("t=%d\n",t);
    return 0;
}
```

程序运行的结果是_____。

将程序中 n 的值改为 2,再次运行程序,分析运行结果是否正确。

注意:

① 程序中使用 # define PRICE 55 定义 PRICE 为符号常量 55,凡在程序中出现的 PRICE 都代表 55,可以和常量一样进行运算。

② 符号常量一般大写,程序中不能给其赋值。

(2)阅读下面的程序,理解无符号整型变量的定义与使用。

```
/* ex1-2 */
# include "stdio. h"
int main( )
{
    int a, b, c, d;        /* 指定 a、b、c、d 为整型变量 */
    unsigned u;            /* 指定 u 为无符号整型变量 */
    a = 12;
    b = −24;
    u = 10;
    c = a + u;
    d = b + u;
    printf("a+u=%d, b+u=%d\n", c, d);
    return 0;
}
```

程序运行的结果是_____。

（3）阅读下面的程序，理解转义字符的使用。

```
/* ex1-3 */
# include "stdio. h"
int main( )
{
    printf("abcef\tde\rf\tg\n");
    printf("c\ti\b\bike");
    return 0;
}
```

程序运行的结果是_____。

注意：程序中使用了转义字符\t、\r、\b 分别表示光标跳到下一个制表位（占 8 个字符位）、回车到本行首、回退一个字符位。

（4）阅读下面的程序，理解强制类型转换运算符的使用。

```
/* ex1-4 */
# include "stdio. h"
int main( )
{
    float x;
    int i;
    x = 3. 6;
    i = (int)x;
    printf("x=%f,i=%d", x, i);
    return 0;
}
```

程序运行的结果是_____。

注意：强制类型转换的格式为（<类型定义符>）（<表达式>），表达式不含运算符时，两边的圆括号可以省去。

（5）阅读下面的程序，理解字符和数值的运算。

```
/* ex1-5 */
# include "stdio. h"
int main( )
{
    int a;
    a = 'a' + 3;
```

```
    printf("a=%d", a);
    return 0;
}
```

程序运行的结果是_____。

注意：小写字母 a 的 ASCII 码值是 97。

2.阅读程序，分析程序中的错误，每处错误均在提示行/**************************/的下一行，请将错误改正，并上机验证。

(1) 根据赋值表达式的规定，改正下面的程序。

```
/*  ex1-6  */
# include "stdio. h"
int main( )
{
    int a;
    /*********************** ***/
    a =+ 4;
    printf("%d\n", a);
    return 0;
}
```

(2) 根据变量定义的格式规定，改正下面的程序。

```
/* ex1-7 */
# include "stdio. h"
int main( )
{
    /***********************/
    int a =99; b = 100;
    printf("%d,%d\n", a, b);
    return 0;
}
```

(3) 根据强制类型转换的格式规定，改正下面的程序。

```
/*  ex1-8  */
# include "stdio. h"
int main( )
{
    int a;
    float c = 5.5;
    /***********************/
    a = int(c) % 3;
    printf("%d",a);
    return 0;
}
```

注意：观察程序运行结果，从中掌握强制类型转换、求余运算的使用。

(4) 根据求余运算的规定，改正下面的程序。

```
/* ex1-9 */
# include "stdio. h"
int main( )
{
```

```
        int a;
/*************************/
        float b;
        a = 10;
        b = 3;
        printf("%d", a % b);
        return 0;
}
```

(5) 根据赋值表达式的格式规定，改正下面的程序。

```
/* ex1-10 */
# include "stdio. h"
int main( )
{
        int a, b;
/*************************/
        5 = a;
        a -= a * a;
        printf("a=%d\n", a);
        b = (a = 3 * 5, a * 4, a + 5);
        printf("a=%d b=%d\n", a, b);
        return 0;
}
```

3. 阅读程序，在程序中提示行/*************************/的下一行填写正确内容，将程序补充完整，并上机验证。

(1) 混合表达式的计算。

计算当 x=3.5、a=17、y=7.4 时，表达式 x+a%3*(int)(x+y)%2/4 的运算结果 z 的值。

```
/* ex1-11 */
# include "stdio. h"
int main( )
{
/*************************/
        ____①____  a = 17;
/*************************/
        ____②____  x = 3.5, y = 7.4, z;
        z = x + a % 3 * (int)(x + y) % 2 / 4;
        printf("z=%d\n", z);
        return 0;
}
```

(2) 求 $\sqrt{x}$ $(x = 100)$。

```
/* ex1-12 */
# include "stdio. h"
# include "math. h"
int main( )
{
        float x = 100;
/*************************/
        printf("%f\n", ____①____);
        return 0;
}
```

（3）下面的程序计算 $y = x^2 + 3x + 2$，x 为整型数，例如 x 的值为 1，y 的值为 6。

```
/* ex1-13 */
# include "stdio. h"
int main( )
{
    int x = 1, y;
    /*************************/
    y = _____①_____ ;
    printf("y=%d\n", y);
    return 0;
}
```

（4）下面的程序计算 $y = \dfrac{2}{3}(x + 32)$，输出 y 的值。其中，y、x 为实型数，例如 x 的值为 41，输出 $y = 5$。

```
/* ex1-14 */
# include "stdio. h"
int main( )
{
    float y, x = 41;
    /*************************/
    y = 2.0 / 3_____①_____ ;
    printf("y=%f\n", y);
    return 0;
}
```

注意：%f 为实型格式符。

（5）计算 $|a| + |b|$，其中 a、b 为整型数，例如 a、b 的值分别是 -3、5，程序的输出结果是8。

```
/* ex1-15 */
# include "stdio. h"
# include "math. h"
int main( )
{
    int a = -3, b = 5;
    /*************************/
    printf("c=%d\n", _____①_____ );
    return 0;
}
```

将程序中 a 的值改为 -2，b 的值改为 -8，再次运行程序，分析运行结果是否正确。

2.1.5 实验注意事项

1. 在 Visual C++ 6.0 集成环境中，如何对 C 程序进行创建、运行、查看结果和退出。

Visual C++ 6.0 集成环境等操作可以通过菜单、按钮、热键来实现。另外，在源程序文件编辑过程中，还可以进行复制、移动、删除等常用文件编辑操作。

2. 由于 C 程序运行必须从 main 函数开始，因此一个 C 程序要有一个 main 函数，且只能有一个 main 函数。当一个程序运行结束之后，一定要先选择"文件"→"关闭工作空间"命令关闭工作空间，然后再开始创建一个新的 C 程序。

3. 程序输入过程中应注意的问题。

（1）区分大小写。

（2）程序中需要空格的地方一定要留空格（如 int a＝3，b＝5；中的 int 和 a 之间必须留空格）。

（3）'\'与'/'、数字 1 与小写字母 l 的区别。

（4）所定义的变量的类型与输入的数据的类型要一致，输出时的格式一定要满足数据的大小。

（5）当运算对象均为整数时"/"运算符的使用，"％"运算符两边一定是整型数据。

（6）除注释行外，函数体的每行以分号"；"结尾。回车结束每行的输入。

2.2　实验 2　顺序结构程序设计

2.2.1　实验学时：2 学时

2.2.2　实验目的

1.掌握简单结构的 C 语言程序设计。

2.掌握输入、输出函数的正确使用。

2.2.3　预习内容

熟悉并掌握 scanf 函数、printf 函数、getchar 函数和 putchar 函数的语法格式，比较它们在使用时的区别。

2.2.4　实验内容

1.阅读程序，分析结果，并上机验证。

（1）阅读下面的程序，理解 scanf 函数格式说明中无分隔符的数据输入方法。

```
/*  ex2-1  */
# include "stdio. h"
int main( )
{
    int i,j;
    printf("Please input two integers:\n");
    scanf("%d%d", &i, &j);
    printf("i=%d,j=%d\n", i, j);
    return 0;
}
```

从键盘上为变量 i、j 赋值 5 和 6，程序的运行结果是＿＿＿＿＿。

注意：

① 运行程序时，当调用格式输入函数 scanf 时，首先返回用户屏幕，等待用户从键盘上输入两个整数并回车，程序才能继续向下执行。

② 由于格式说明为"%d%d"，根据 C 语言规定，从键盘上为变量 i 和 j 赋值 5 和 6 时，两个整数之间只能用空格、Tab 键或回车键分隔。试一试，用其他的分隔符输入时，各个变量能否得到正确值。

（2）阅读下面的程序，理解 printf("Please input two integers:\n");语句的作用。

```
/* ex2-2 */
#include "stdio. h"
int main( )
{
    int i, j;
    printf("Please input two integers:\n");
    scanf("%d%d", &i, &j);
    printf("i=%d,j=%d\n", i, j);
    return 0;
}
```

程序运行的结果是_____。

注意：运行程序时，先执行 printf("Please input two integers:\n");，当调用格式输入函数 scanf 时，返回用户屏幕，屏幕上会有提示"Please input two integers:"，等待用户从键盘上输入两个整数。

（3）分析下面的程序，理解 scanf 函数域宽的使用方法。

```
/* ex2-3 */
#include "stdio. h"
int main( )
{
    int i,j;
    printf("Please input the data:\n");
    scanf("%4d%1d", &i, &j);
    printf("i=%d,j=%d\n", i, j);
    return 0;
}
```

从键盘上输入 1234567 并按回车键，程序运行的结果是_____。

（4）阅读下面的程序，理解 scanf 函数格式说明中普通字符的使用方法。

```
/* ex2-4 */
#include "stdio. h"
int main( )
{
    float i, j;
    printf("Please input two real numbers:\n");
    scanf("i=%f,j=%f",&i,&j);
    printf("i=%.3f,j=%.3f\n", i, j);
    return 0;
}
```

从键盘上输入 i=12.5,j=-4 并按回车键，观察程序运行的结果。试一试用其他方式输入时各个变量能否得到正确值。

程序运行的结果是_____。

（5）阅读下面的程序，理解整型与字符型数据的通用性。

```
/* ex2-5 */
#include "stdio. h"
int main( )
{
    char c;
    printf("Please input a letter:\n");
    scanf("%c", &c);
```

```
        printf("c=%c\n", c);
        printf("c=%d\n", c);
        return 0;
    }
```

如果从键盘上输入 A 并按回车键，则程序第二个输出语句的执行结果是_____。

2.阅读程序，分析程序中的错误，每处错误均在提示行/**************************/的下一行，请将错误改正，并上机验证。

（1）根据格式字符%d、%f 的使用规定，改正下面的程序。

```
/* ex2-6 */
#include "stdio.h"
int main( )
{
    float i;
    printf("Please input a real number:\n");
    /***********************/
    scanf("%d", &i);
    printf("%f\n", i);
    return 0;
}
```

注意：

① 这个程序编译连接都能通过，就是结果不正确。

② 把 printf 语句中的%f 写成%d 再运行一次。

（2）根据格式字符%s 的使用规定，改正下面的程序。

```
/* ex2-7 */
#include "stdio.h"
int main( )
{
    char a;
    printf("Please input a character:\n");
    a = getchar( );
    /***********************/
    printf("%s", a);
    return 0;
}
```

（3）根据变量声明的规定，改正下面的程序。

```
/* ex2-8 */
#include "stdio.h"
int main( )
{
    int a;
    /***********************/
    a = 10; int b = 20;            /* C语言允许一行写两句 */
    printf("%d", a + b);
    return 0;
}
```

（4）根据 scanf 函数格式说明的规定，改正下面的程序。

```
/* ex2-9 */
#include "stdio.h"
```

```
int main( )
{
    char a;
    printf("Please input a character:\n");
    /***********************/
    scanf("%d", a);
    printf("%d", a);
    return 0;
}
```

(5) 根据格式字符%lf 的使用规定,改正下面的程序。

```
/* ex2-10 */
#include "stdio. h"
#include "math. h"
int main( )
{
    int a, b, y;
    printf ("Please input two integers:");
    /***********************/
    scanf("%lf%lf", &a, &b);
    y = sqrt(a) + sqrt(b);
    printf("y=%d\n", y);
    return 0;
}
```

3. 阅读程序,在程序中提示行/**************************/的下一行填写正确内容,将程序补充完整,并上机验证。

(1) 下面程序的功能是求任意两个整数的和,如从键盘输入 3,5,程序的输出结果是 3+5=8。

```
/* ex2-11 */
#include "stdio. h"
int main( )
{
    int a, b, c;
    printf("Please input two integers:\n");
    scanf("%d,%d", &a, &b);
    c = a + b;
    /***********************/
    printf("    ①    ", a, b, c);
    return 0;
}
```

(2) 输入一个大写字母 A,将它转换为小写字母 a,输出小写字母 a 及对应的 ASCII 码值 97。要求输出格式为 ch2=a, ch2=97。

```
/* ex2-12 */
#include "stdio. h"
int main( )
{
    char ch1, ch2;
    printf("Please input a letter \n");
    scanf("%c", &ch1);
    ch2 = ch1 + 32;                    /* 大小写 ASCII 码值相差 32 */
    /***********************/
```

```
        ①                              /* 输出语句 */
        return 0;
    }
```

注意：从键盘上输入的字母必须为大写字母。

（3）下面程序的功能是将 a 和 b 两个变量的值交换，如果按"a＝2，b＝1"的格式输出，完善下面程序中的输出语句。

```
/* ex2-13 */
# include "stdio. h"
int main( )
{
    int a = 1, b = 2, t;
    /* 下面三条赋值语句实现 a,b 变量值的交换 */
    t = a;
    /*************************/
        ①        ;
    b = t;
    /*************************/
        ②        ;           /* 输出语句 */
    return 0;
}
```

（4）下面程序的功能是从键盘上输入一个圆半径，计算并输出圆面积，请完善程序。

```
/* ex2-14 */
# include "stdio. h"
int main( )
{
    float r, s;
    printf("Please input the radius:\n");
    /*************************/
        ①
    s = 3. 14159 * r * r;
    printf("r=%f,s=%f\n", r, s);
    return 0;
}
```

（5）下面程序的功能是从键盘上输入一个字母，输出其对应的 ASCII 码值，请完善程序。

```
/* ex2-15 */
# include "stdio. h"
int main( )
{
    /*************************/
        ①
    printf("Please input a letter:");
    scanf("%c", &c);
    printf("%d", c);
    return 0;
}
```

4. 按要求编写程序，请在提示行 /*************************/ 之间填写代码，完善程序，并上机调试。

（1）从键盘上输入一个华氏温度，输出相应的摄氏温度。华氏温度 F 与摄氏温度 C 均为实数，其转换关系为 $C = \frac{5}{9}(F - 32)$，要求输出保留两位小数。

编程提示：

① 定义变量及其类型：题目中出现了字母 F 和 C，一般要使用小写，而不能使用大写。所以定义 f 和 c 作为变量名，因题目没有对其值进行限定，应为任意实数，类型应为 float。

② 题目要求保留两位小数，可以使用％.2f 作为输出语句的格式字符。

③ 根据/运算的法则，分式 5/9 为 0。所以 5 或 9 应有一个写为实数形式，如 5.0 或 9.0。程序的框架如下：

```
/*  ex2-16  */
#include "stdio. h"
int main( )
{
    float f,c;
/************************/

                            /*  转换  */
                            /*  使用 printf 函数输出 f、c 的值  */

/************************/
}
```

(2) 编写程序，两次调用 getchar 函数，读入两个字符，分别赋给 c1 和 c2，再分别用 putchar 函数和 printf 函数输出这两个字符。

```
/*  ex2-17  */
#include "stdio. h"
int main( )
{
    char c1,c2;
/************************/

                            /*  输出提示：从键盘上输入两个字符  */
                            /*  c1＝getchar( )  */
                            /*  变量 c2 从键盘上得到一个字符  */
                            /*  使用 putchar 函数输出 c1 的值  */
                            /*  使用 putchar 函数输出 c2 的值  */
                            /*  使用 printf 函数输出 c1、c2 的值  */

/************************/
}
```

(3) 编写程序，从键盘上输入一个 4 位整数，将其倒序输出。例如输入 1234，结果显示 4321。

```
/*  ex2-18  */
#include "stdio. h"
int main( )
{
    int k, a, b, c, d;
/************************/

                            /*  输出提示：从键盘上输入一个 4 位数  */
                            /*  使用 scanf 使 k 从键盘上得到一个 4 位数 */
                            /*  把 k 的千位数存入 a 中  */
                            /*  把 k 的百位数存入 b 中  */
                            /*  把 k 的十位数存入 c 中  */
                            /*  把 k 的个位数存入 d 中  */
                            /*  输出 k 的值  */
                            /*  输出 d、c、b、a 的值  */

/************************/
}
```

（4）从键盘上输入一个 4 位正整数，求出其中的千位和个位数，并以千位做个位，个位做十位组合一个新的两位数，最后输出这个两位数。例如，输入 1234，输出结果为 41。

```
/* ex2-19 */
# include "stdio. h"
int main( )
{
    int k, a, b, c;
    /************************/

                                    /* 输出提示:从键盘上输入一个 4 位数 */
                                    /* 使用 scanf 使 k 从键盘上得到一个 4 位数 */
                                    /* 把 k 的千位数存入 a 中 */
                                    /* 把 k 的个位数存入 b 中 */
                                    /* 构造数：c＝b＊10＋a */
                                    /* 输出原数 k 和组合数 c 的值 */

    /************************/
}
```

（5）从键盘上输入一个十进制数，输出其对应的八进制数和十六进制数，并做必要的输入提示。

```
/* ex2-20 */
# include "stdio. h"
int main( )
{
    int k;
    /************************/

                                    /* 输出提示信息 */
                                    /* 变量 k 从键盘上得到一个十进制数 */
                                    /* 使用 printf 函数和％d 输出 k 的值 */
                                    /* 使用 printf 函数和％o、％x 输出 k 的值 */

    /************************/
}
```

注意：在格式说明中，适当插入说明信息，使输出结果更加清晰、明确。

2.2.5 实验注意事项

1.要注意变量中的数据类型，输入语句和输出语句中使用的格式字符应与数据类型相对应。

2.使用 getchar 和 putchar 函数，应在文件开头加上语句 # include "stdio. h"；使用数学函数，应在文件开头加上 # include "math. h"。

3.分号"；"是 C 程序语句不可缺少的一部分，每个程序语句后面都必须有一个"；"。

4.程序运行过程中，如果编译出错，应按照提示的出错行找出语法错误。一般情况下，对初学者而言，间隔符出错、字符写错是最常见的；如果是连接出错，则要根据提示的行检查函数名或函数格式是否有错；当编译、连接都没错，程序执行后结果不对，可能的情况就是变量定义的类型、输入/输出中格式符不对，要检查并修改程序，再运行。更严重的情况就是逻辑思维不对，必须重新设计程序。

2.3 实验3 选择结构程序设计

2.3.1 实验学时: 2学时

2.3.2 实验目的

1. 掌握C语言关系表达式和逻辑表达式的运算与使用。
2. 正确使用条件控制语句(if语句、switch语句)进行选择结构程序设计。

2.3.3 预习内容

1. 关系运算符和关系表达式、逻辑运算符和逻辑表达式。
2. if语句的3种形式(单分支、双分支、多分支),以及if语句的嵌套。
3. switch语句的形式。

2.3.4 实验内容

1. 阅读程序,分析结果,并上机验证。
(1) 阅读下面的程序,理解逻辑运算的短路特性。

```c
/* ex3-1 */
# include "stdio. h"
int main( )
{
    int a = 3, b = 5, c = 8;
    if(a++ < 3 && c-- != 0) b = b + 1;
    printf("a=%d\tb=%d\tc=%d\n", a, b, c);
    return 0;
}
```

程序运行后a、b、c的值分别是_____。
(2) 根据下面两个程序的运行结果,理解case语句中break语句的作用。

```c
/* ex3-2-1 程序1 */
/* 不含break的switch */
# include "stdio. h"
int main( )
{
    int a, m = 0, n = 0, k = 0;
    printf("Please input an integer:");
    scanf("%d", &a);
    switch(a)
    {
        case 1:m++;
        case 2:
        case 3:n++;
        case 4:
        case 5:k++;
    }
    printf("m=%d,n=%d,k=%d\n", m, n, k);
```

```
        return 0;
    }

    /* ex3-2-2 程序 2 */
    /* 含 break 的 switch */
    #include "stdio.h"
    int main( )
    {
        int a, m = 0, n = 0, k = 0;
        printf("Please input an integer:");
        scanf("%d", &a);
        switch(a)
        {
            case 1:m++; break;
            case 2:
            case 3:n++; break;
            case 4:
            case 5:k++;
        }
        printf("m=%d,n=%d,k=%d\n", m, n, k);
        return 0;
    }
```

分别从键盘上输入 1、3、5，两个程序运行的结果分别是＿＿＿＿＿＿、＿＿＿＿＿＿。

注意：case 语句中如果包含 break，则执行后，将跳出 switch，否则将顺次执行后续的 case 语句。

（3）阅读下面的程序，理解 switch 语句中多个 case 共用一组执行语句的方法。

```
    /* ex3-3 */
    #include "stdio.h"
    int main( )
    {
        int j, p = 10;
        printf("Please input an integer:");
        scanf("%d", &j);
        switch(j)
        {
            case 1:
            case 2:printf("%d ", p++); break;
            case 3:printf("%d ", --p);
        }
        return 0;
    }
```

分别输入 3、2、1，输出结果是＿＿＿＿＿＿。

注意：这个程序要运行 3 次，第一次输入 3，第二次输入 2，第三次输入 1。输入 1 和 2 的结果是一样的，分析为什么？

（4）阅读下面的程序，理解多分支语句嵌套的使用方法。

```
    /* ex3-4 */
    #include "stdio.h"
    int main( )
    {
        int x, y = 1, z;
```

```
        if((z = y) < 0)
        {
            x = 4;
        }
        else if (y == 0)
        {
            x = 5;
        }
        else
        {
            x = 6;
        }
        printf("x=%d, y=%d\n", x, y);
        return 0;
    }
```

程序的运行结果是_____。

（5）阅读下面的程序，理解分支语句嵌套的使用方法。

```
/*  ex3-5  */
# include "stdio. h"
int main( )
{
    int x = 8, y = -7, z = 9;
    if(x < y)
    {
        if(y < 0)
            z = 0;
        else
            z = 1;
    }
    printf("%d\n", z);
    return 0;
}
```

程序的运行结果是_____。

（6）阅读下面两个程序，理解分支语句中条件表达式的使用方法。

```
/*  ex3-6  */
# include "stdio. h"
int main( )
{
    int x, y;
    printf("Please input two integers:");
    scanf("%d,%d", &x, &y);
    if(x == y)
    {
        printf("x = y");
    }
    else if(x > y)
    {
        printf("x > y");
    }
    else
    {
```

```
        printf("x < y");
    }
    return 0;
}
```

从键盘上输入 3,5，程序的运行结果是_____。

2.阅读程序，分析程序中的错误，每处错误均在提示行/*************************/的下一行，请将错误改正，并上机验证。

（1）根据 switch 语句的语法规定，改正下面的程序。

```
/* ex3-7 */
#include "stdio. h"
int main( )
{
    int t, s;
    printf("Please input an integer:");
    scanf("%d", &t);
/************************/
    switch(t);
    {
        case 10:
        case 9:s = 3 * t; break;
/************************/
        case 8.5:{s = t + 2; break;}
        default:s = t - 2;
    }
    printf("%d\n", s);
    return 0;
}
```

（2）在下面的程序中，根据 x 的值计算 y 的值，如果 x 的值为 0，则 y 的值为字符 T，否则 y 的值为字符 F。根据字符数据的书写格式改正程序。

```
/* ex3-8 */
#include "stdio. h"
int main( )
{
    int x, y;
    printf("Please input an integer:");
    scanf("%d", &x);
    if(x == 0)
    {
/************************/
        y = "T";
    }
    else
    {
/************************/
        y = F;
    }
    printf("%c\n", y);
    return 0;
}
```

（3）下面程序的功能是交换 a、b 两个变量的值，使 a 中存放两个数中的大数，b 中存放两个数中的小数。根据数据交换的实现方法改正程序。

```
/* ex3-9.c */
#include "stdio.h"
int main( )
{
    int a, b, t;
    t = 0;
    printf("Please input two integers:");
    scanf("%d,%d", &a, &b);
    /************************/
    if(a > b)
    {
    /************************/
        a = t;
        a = b;
        b = t;
    }
    printf("a=%d,b=%d\n", a, b);
    return 0;
}
```

（4）下面的程序在 a 等于 100 时输出字符串"a=100"，否则输出字符串"a 不等于 100"。根据 if 语句条件表达式的含义和输出字符串的格式规定改正程序。

```
/* ex3-10.c */
#include "stdio.h"
int main( )
{
    int a = 100;
    /************************/
    if(a = 100)
        printf("%s\n", "a=100");
    else
    /************************/
        printf("%d\n", "a 不等于 100");
    return 0;
}
```

注意：%s 为字符串格式字符。

（5）下面程序的功能是，如果 x 能被 3 和 7 整除，输出"yes"，否则输出"no"。根据 scanf 函数的功能和格式、if 语句的书写格式规定改正程序。

```
/* ex3-11 */
#include "stdio.h"
int main( )
{
    int x;
    printf("Please input an integer:");
    /************************/
    x = scanf("%d");
    /************************/
    if(x / 3 == 0 && x / 7 == 0)
        printf("yes\n");
    else
        printf("no\n ");
    return 0;
}
```

3.阅读程序，在程序中提示行/************************/的下一行填写正确内容，将程序补充完整，并上机验证。

（1）根据 a、b 值的大小，输出不同的结果。若 a<b 则输出 b、a 及 a 与 b 的积，否则输出 a、b 及 a 与 b 的商。请完善程序。

```c
/* ex3-12 */
# include "stdio. h"
int main( )
{
    int a = 5, b = 60, c;
    /************************/
         ①
    {
        c = a * b;
        printf("b=%d,a=%d,a * b=%d\n", b, a, c);
    }
    else
    {
        c = a / b;
        printf("a=%d,b=%d,a/b==%d\n", a, b, c);
    }
    return 0;
}
```

（2）从键盘上输入 x 的值，按下式计算 y 的值。请完善程序。

$$y = \begin{cases} e^x, & x < 1 \\ 2x - 1, & 1 \leqslant x < 10 \\ 3(x - 6), & x \geqslant 10 \end{cases}$$

```c
/* ex3-13 */
/* if 语句实现的多分支结构 */
# include "stdio. h"
# include "math. h"
int main( )
{
    float x, y;
    printf("Please input x:");
    scanf("%f", &x);
    /************************/
    if(      ①      )
        y = exp(x);
    /************************/
    else if(      ②      )
        y = 2 * x - 1;
    else
        y = 3 * (x - 6);
    printf("y=%f\n", y);
    return 0;
}
```

（3）下面的程序使用公式

$$\text{area} = \sqrt{s(s-a)(s-b)(s-c)}$$

计算三角形面积，其中，a、b、c 表示三边，s 表示三边之和的一半，当任意两边之和小于第三边时给出出错信息"不能构成三角形"。

```
/* ex3-14 */
# include "math. h"
# include "stdio. h"
int main( )
{
    float a, b, c;                          /* a,b,c 分别表示边长 */
    float s, k, area;                       /* k 为中间变量存放被开方数，area 表示面积 */
    printf("Pplease input three real numbers:");
    scanf("%f,%f,%f", &a, &b, &c);
    /***********************/
    _____①_____                        /* 判断 a,b,c 是否构成三角形 */
    {
        s = (a + b + c)/2;
        k = s * (s - a) * (s - b) * (s - c);
        area = sqrt(k);
        printf("a=%7. 2f,b=%7. 2f,c=%7. 2f\n", a, b, c);
        printf("area = %7. 2f\n", area);
    }
    else
    {
    /***********************/
        _____②_____                     /* 输出 a,b,c 不能构成三角形的提示 */

    }
    return 0;
}
```

（4）下面程序的功能是从键盘上输入一个 1 到 3 位的正整数，存入变量 num 中，判断它是几位数，存入变量 p 中，然后求出百位、十位、个位数字，分别存入 i、j、k 中，最后按 3 位、2 位、1 位 3 种情况输出。

```
/* ex3-15 */
# include "stdio. h"
int main( )
{
    int num, i, j, k, p;
    printf("Please input an integer:");
    scanf("%d", &num);
    if(num > 99)
    {
        p = 3;
        i = num / 100;
        j = (num - i * 100) / 10;
        k = num % 10;
    }
    else if(num > 9)
    {
        p = 2;
        j = num / 10;
        k = num % 10;
    }
    /***********************/
    _____①_____
    {
        p = 1;
```

```
            k = num;
        }
        switch(p)
        {
            case 3:printf("%d%d%d\n", k, j, i);break;
/*************************/
                 ②
            case 1:printf("%d\n", k);
        }
        return 0;
    }
```

（5）下面是一个估值游戏程序，使用者从键盘输入一个数存入 g 中，若与设置值 m 相同，输出 Right；若不相等先给出错信息 Wrong，并进一步判断。若大于 m，则显示 Too high，否则显示 Too low。

```
/* ex3-16 */
# include "stdio. h"
int main( )
{
    int m = 123;
    int g;
    printf("Please input an integer:");
    scanf("%d", &g);
/************************/
             ①
    {
        printf("Right");
    }
    else
    {
        printf("Wrong");
    }
/************************/
             ①
    {
        printf("Too high");
    }
    if(g < m)
    {
        printf("Too low");
    }
    return 0;
}
```

4.按要求编写程序，请在提示行/************************/之间填写代码，完善程序，并上机调试。

（1）从键盘上输入任意 3 个数，首先输出这 3 个数，然后找出这 3 个数中的最大数并输出。

编程提示：

① 输出这 3 个数。

② 将最大值存入 max 中。

③ 将 max 与 a 比较，若 max<a，把 a 赋给 max。

④ 将 max 与 b 比较，若 max<b，把 b 赋给 max。

⑤ 将 max 与 c 比较，若 max＜c，把 c 赋给 max。

⑥ 输出 max。

三次比较可使用 3 个平行的 if 语句、if-else if、if 嵌套等多种方法实现。

```
/* ex3-17 */
# include "stdio. h"
int main( )
{
    float a, b, c, max;
    printf("Please input three real numbers:");
    scanf("%f%f%f", &a, &b, &c);
    printf("a=%f,b=%f,c=%f", a, b, c);
    /***********************/



    /***********************/
    printf("max=%f", max);
    return 0;
}
```

(2) 根据输入的 x 值，求函数 y 的值。

$$y = \begin{cases} 1, & x > 0 \\ 0, & x = 0 \\ -1, & x < 0 \end{cases}$$

```
/* ex3-18 */
# include "stdio. h"
int main( )
{
    float x;
    printf("Please input a real number:");
    scanf("%f", &x);
    /***********************/



    /***********************/
    printf("y=%f",y);
    return 0;
}
```

(3) 给出一个百分制成绩，要求输出相应的等级 A、B、C、D、E。90 分以上为'A'，80～89 分为'B'，70～79 分为'C'，60～69 分为'D'，60 分以下为'E'。

编程提示：

① 先定义一个整型变量存放百分制成绩，并定义一个字符型变量存放相应的等级成绩。

② 输入百分制成绩。

③ 将百分制成绩按 10 分分档：score/10，作为 switch 语句中括号内的表达式。

④ 按照

```
case 10:
case 9:
case 8:
case 7:
```

```
        case 6:
        default:
```

这 6 种匹配情况分别选择不同的入口。

```
        /* ex3-19 */
        # include "stdio. h"
        int main( )
        {
            int score;
            char dj;
            printf("Please input a score:");
            scanf("%d", &score);
            printf("score=%d",score);
            /************************/



            /************************/
            printf("class=%c",class);
            return 0;
        }
```

（4）从键盘上输入 x、y 的值，使用条件表达式 z=x>=y? x:y 计算并输出 z 的值。

```
        /* ex3-20 */
        # include "stdio. h"
        int main( )
        {
            float x,y;z;
            printf("Please input two real numbers:");
            scanf("%f%f", &x, &y);
            /************************/



            /************************/
            return 0;
        }
```

（5）从键盘上输入一个字符，若为元音字母，则显示"YES"，否则显示"NO"。

编程提示：使用 switch 语句，检查变量 c 是否等于'A'、'E'、'I'、'O'、'U'、'a'、'e'、'i'、'o'、'u'。

```
        /* ex3-21 */
        # include "stdio. h"
        int main( )
        {
            char c;
            printf("Please input a character:");
            c = getchar( );
            /************************/



            /************************/
            return 0;
        }
```

2.3.5 实验注意事项

1. C 程序中表示比较运算的符号用"=="表示，赋值运算符用"="表示，不能将赋值号"="用于比较运算。

2. 控制表达式是指任何合法的 C 语言表达式(不只限于关系或逻辑表达式)，只要表达式的值为"非零"，则为"真"，"零"则为"假"。

3. 在 if 语句的嵌套结构中，else 与 if 的配对原则是：每个 else 总是与在其前面出现的、最近的、一个尚未配对的 if 构成配对。

4. case 及后面的常量表达式，实际仅起标号作用。控制表达式的值与某个情况常量一旦匹配，就执行其后续语句。在执行过程中，只要不遇到 break 语句，就一直执行下去，而不再判别是否匹配。允许出现多个"case"与一组语句相对应的情况。

2.4 实验 4 循环结构程序设计(一)

2.4.1 实验学时：2 学时

2.4.2 实验目的

1. 掌握用 while、do-while、for 语句实现循环的基本用法。
2. 掌握设计条件型循环结构程序时，如何正确设定循环条件，以及如何控制循环的次数。
3. 掌握与循环有关的算法。
4. 掌握针对不同问题，如计数控制或条件控制的循环，选择合适的循环语句，提高程序的可读性和执行效率。

2.4.3 预习内容

预习主教材中有关 while、do-while 和 for 语句的语法格式，并能通过这 3 种语句编写、调试单层循环结构的程序。

2.4.4 实验内容

1. 阅读程序，分析结果，并上机验证。
(1) 程序的运行结果是_____。

```
/* ex4-1 */
#include "stdio.h"
int main( )
{
    int num = 0;
    while(num <= 2)
    {
        num++;
        printf("num=%d\n", num);
    }
    return 0;
}
```

(2) 程序的运行结果是_____。

```c
/* ex4-2 */
# include "stdio.h"
int main( )
{
    int k = 4, n;
    for(n = 0; n < k; n++)
    {
        if(n % 2 == 0)
            k--;
    }
    printf("k=%d,n=%d\n", k, n);
    return 0;
}
```

(3) 从键盘输入 2，程序的运行结果是_____。

```c
/* ex4-3 */
# include "stdio.h"
int main( )
{
    int x;
    printf("Please input a number\n");
    scanf("%d", &x);
    while(x < 20)
    {
        x++;
        if(x % 3 != 0)
        {
            x++;
            break;
        }
        else
            continue;
        x++;
    }
    printf("%d\n", x);
    return 0;
}
```

(4) 从键盘输入 ABCdef 后回车，程序的运行结果是_____。

```c
/* ex4-4 */
# include "stdio.h"
int main( )
{
    char ch;
    printf("Please input a string\n");
    while((ch = getchar()) != '\n')
    {
        if(ch >= 'A' && ch <= 'Z')
            ch = ch + 32;
        else if(ch >= 'a' && ch <= 'z')
            ch = ch - 32;
        printf("%c", ch);
    }
```

```
        printf("\n");
        return 0;
    }
```

2.阅读程序，分析程序中的错误，每处错误均在提示行/*********************/的下一行，请将错误改正，并上机验证。

(1) 从键盘输入 n，计算并输出 $1+2+3+\cdots+n$ 的和。

以下给出几种不同的编程方法，请找出每个程序中存在的错误，并改正，使程序运行出正确的结果，通过这个题目掌握使用循环语句时需要注意的问题。

① /* 注意 while 语句的正确使用 */

```
/* ex4-5 */
#include "stdio. h"
int main( )
{
    /*********************/
    int n, i, sum;                    /* 变量需要初始化 */
    printf("Please input n:");
    scanf("%d", &n);
    /*********************/
    while(i <= n);                    /* 循环体和循环条件被割裂了 */
    {
        sum = sum + i;
        i++;
    }
    printf("sum=%d\n", sum);
    return 0;
}
```

② /* 注意 do-while 语句的正确使用 */

```
/* ex4-6 */
#include "stdio. h"
int main( )
{
    int i, n, sum;
    printf("Please input a number\n");
    scanf("%d", &n);
    i = 1;
    sum=0;
    do
    {
        sum = sum + i;
    /*********************/
        i--;                          /* 循环变量应该朝着使循环结束的方向变化 */
    /*********************/
    }while(i <= n)
    printf("sum=%d\n", sum);
    return 0;
}
```

(2) 爱因斯坦曾出过这样一道数学题：有一条长阶梯，若每步跨 2 阶，最后剩下 1 阶；若每步跨 3 阶，最后剩下 2 阶；若每步跨 5 阶，最后剩下 4 阶；若每步跨 6 阶，则最后剩下 5 阶；只有每步跨出 7 阶，最后正好 1 阶不剩。编写程序计算这条阶梯共有多少台阶(正确结果 $x=119$)。

```
/* ex4-7 */
# include "stdio. h"
int main( )
{
    int x = 1, find = 0;
    while(! find)
    {
/************************/
        if(x % 2 = 1 && x % 3==2 && x % 5==4 && x % 6==5 && x % 7 == 0)
        {
            printf("x=%d\n", x);
/************************/
            find = 0;
        }
        x++;

    }
    return 0;
}
```

3.阅读程序,在程序中提示行/************************/的下一行填写正确内容,将程序补充完整,并上机验证。

(1) 下面程序的功能是计算 1~100 之间的奇数之和及偶数之和,并输出。

```
/* ex4-8 */
# include "stdio. h"
int main( )
{
    int a, b, c, i;
/************************/
    a=0;
    c=    ①                          /* 变量初始化 */
    for(i = 0; i <= 100; i += 2)
    {
        a += i;                      /* 变量a存放偶数的和 */
/************************/
        ②
        c += b;                      /* 变量c存放奇数的和 */
    }
    printf("sum of evens is %d\n", a);
/************************/
    printf("sum of odds is %d\n",    ③    ); /* c 多加了一个数 */
    return 0;
}
```

(2) 编程输出所有的"水仙花数"。所谓水仙花数,是指一个 3 位数,其各位数字的立方和等于该数本身,如 $153=1^3+3^3+5^3$。(正确结果:153 370 371 407)

```
/* ex4-9 */
# include "stdio. h"
int main( )
{
/************************/
        ①                          /* 定义 4 个整型变量; */
    for(j = 100; j <= 999; j++ )
    {
```

```
    a = j / 100;                        /* 分离出百位数 */
    b = j / 10 - a * 10;                /* 分离出十位数 */
/************************/
    c = _____②_____                     /* 分离出个位数 */
    if(j == a * a * a + b * b * b + c * c * c)
/************************/
        _____③_____                     /* 输出 j */
    }
    printf("\n");
    return 0;
}
```

(3) 求 $s=1+12+123+1234+12345$。（正确结果：$s=13715$）

```
/* ex4-10 */
#include "stdio.h"
int main( )
{
/************************/
    int i, t = _____①_____ , s = 0;
    for(i = 1; i <= 5; i++)
    {
        t = t * 10 + i;
/************************/
        _____②_____
    }
    printf("s=%d\n", s);
    return 0;
}
```

4. 按要求编写程序，请在提示行/************************/之间填写代码，完善程序，并上机调试。

(1) 编写程序，求出两个数 m 和 n 的最大公约数和最小公倍数。

编程提示：求最大公约数的方法有 3 种：

① 从两个数中较小的数开始向下判断，如果找到一个整数能同时被 m 和 n 整除，则终止循环。此时的除数即为最大公约数，设 n 为 m 和 n 中较小的数，则如下程序段可实现：

```
for(k = n; k >= 1; k--)
    if(m % k == 0 && n % k == 0)
        break;
```

k 即为最大公约数。

```
/* ex4-11 */
#include "stdio.h"
int main( )
{
    int x, y, t, i;
    printf("Please input 2 numbers\n");
    scanf("%d,%d", &x, &y);              /* 注意 scanf 语句中间用","隔开 */
    if(x > y)
    {
        t = x;
        x = y;
        y = t;
```

```
    }
    /************************/


    /************************/
    printf("最大公约数是：%d\n", i);
    return 0;
}
```

通过上面的程序段，完成下面两种方法的程序设计，并运行程序。

② 从整数 1 开始向上找，直至 m 和 n 中较小的数，每找到一个能同时被 m 和 n 整除的整数，将其存入一个变量中，当循环结束时，变量中存放的即为最大公约数。设 n 为 m 和 n 中较小的数，则如下程序段可实现：

```
for(k = 1; k <= n; k++)
    if(m % k == 0 && n % k == 0)
        x = k;
```

变量 x 的值即为最大公约数。

```
/*  ex4-12  */
#include "stdio. h"
int main( )
{
    /************************/


    /************************/
    return 0;
}
```

③ 用辗转相除法，即将求 m 和 n 的最大公约数问题转化为求其中的除数和两个数相除所得余数的公约数。每次循环中，先求两个数的余数，然后以除数作为被除数，以余数作为除数，当余数为 0 时结束循环，此时除数即为最大公约数。设 m 和 n 中 n 为较小的数，则可用如下程序段实现：

```
b = m % n;
while(b != 0)
{
    m = n;
    n = b;
    b = m % n;
}
printf("%d\n", n);
/*  ex4-13  */
#include "stdio. h"
int main( )
{
    /************************/


    /************************/
    return 0;
}
```

类似地，求最小公倍数的方法也可以从 m 和 n 中较大的数开始向上找，或者从 m＊n 向下找，请自己考虑程序的设计方法。

另外，两个数的最大公约数和最小公倍数的关系为：最小公倍数＝m＊n/最大公约数，可利用此关系进行程序设计。

（2）求两个正整数 m 和 n 之间所有既不能被 3 整除也不能被 7 整除的整数之和。

编程提示：定义变量 m 和 n，再定义一个循环变量 t 和一个结果变量 s，从键盘输入 m 和 n 的值，判断两个变量的值，如果 m＞n，则交换两个变量。然后用循环依次判断 m 和 n 之间的每一个数，在循环体中通过条件语句来判断这个数是否既不能被 3 整除也不能被 7 整除。如果满足条件，累加求和，如果不满足，则继续循环。

```c
/* ex4-14 */
#include "stdio. h"
int main( )
{
    /* 请将以下注释块的内容转换为程序 */
    /*
    定义变量；
    变量赋初值；
    输入 m, n 的值；
    if(m > n)
        m 和 n 交换；
    for(请完善 for 语句)
        if(i % 3 != 0 && i % 7 != 0)
            变量 s 累加求和；
    */
    /***********************/


    /***********************/
    printf("Sum is: %ld \n", s );
    return 0;
}
```

（3）编程计算 $1 \times 2 \times 3 + 3 \times 4 \times 5 + \cdots + 99 \times 100 \times 101$。（正确结果：sum＝13002450）

```c
/* ex4-15 */
#include "stdio. h"
int main( )
{
    long i, term, sum = 0;
    for(i = 1; i < 100; i = i + 2)
    /***********************/


    /***********************/
    printf("sum = %ld\n", sum);
    return 0;
}
```

（4）计算 $a + aa + aaa + \cdots + \underbrace{aaaa \cdots aa}_{n\uparrow a}$ 的值，n 和 a 的值由键盘输入。（若 $n=5, a=1$，则正确结果是 sum＝12345）

```c
/* ex4-16 */
```

```
#include "stdio. h"
int main( )
{
    /***********************/


    /***********************/
    return 0;
}
```

2.4.5　实验注意事项

1. while、do-while、for 语句中循环变量必须赋初值,正确设置循环条件,应有使循环趋向于结束的语句,否则就可能构成死循环。

2. while、do-while 语句什么情况下的运行结果相同,什么情况下运行结果不同。

3. 注意在循环结构程序设计中,正确使用{}构成复合语句,注意{}的配对。

2.5　实验5　循环结构程序设计(二)

2.5.1　实验学时:2 学时

2.5.2　实验目的

1. 掌握 while 语句、do-while 语句和 for 语句的一些特殊用法,如空语句作循环体,for 语句的 3 个表达式的一些特殊用法。

2. 掌握使用 for、while、do-while 语句实现循环嵌套的方法。

2.5.3　预习内容

1. 预习教材中有关用 while、do-while、for 语句实现循环嵌套的方法。

2. 循环嵌套的执行过程,注意嵌套时循环体使用的{}的配对,花括号的位置不同,程序的执行流程迥然不同。

3. 参照 1.3.2 节,使用功能键 F10、F11 单步执行,观察变量的值,掌握单步调试程序的方法。

2.5.4　实验内容

1. 阅读程序,分析结果,并上机验证。

(1) 程序的运行结果是_____。

```
/* ex5-1 */
#include "stdio. h"
int main( )
{
    int i, j, k;
    for(i = 0; i < 4; i++)
    {
        for(j = 0; j < i; j++)
```

```
                printf(" ");
            for(k = 0; k < 6; k++)
                printf(" * ");
            printf("\n");
        }
        return 0;
    }
```

(2) 程序的运行结果是_____。

```
/* ex5-2 */
/* 用 * 号形成字母 A 的形状 */
#include "stdio. h"
int main( )
{
    int n, i, j;
    n = 6;
    for(i = 1; i <= n; i++)
    {
        for(j = 1; j <= 20 - i; j++)
            printf(" ");
        for(j = 1; j <= 2 * i - 1; j++)
        {
            if((j == 1) || (j == 2 * i - 1) || (i == 4))
                printf(" * ");
            else
                printf(" ");
        }
        printf("\n");
    }
    return 0;
}
```

(3) 程序的运行结果是_____。

```
/* ex5-3 */
/* 输出国际象棋的棋盘 */
#include "stdio. h"
int main( )
{
    int i, j;
    for(i = 0 ;i < 8; i++)
    {
        for(j = 0; j < 8; j++)
        {
            if((i + j) % 2 == 0)
                printf("口");                    /* 格式字符串中输入汉字"口" */
            else
                printf(" ");
        }
        printf("\n");
    }
    return 0;
}
```

(4) 程序的运行结果是_____。

```
/* ex5-4 */
```

```
#include "stdio. h"
int main( )
{
    int i, b, k = 0;
    for(i = 1; i <= 5; i++)
    {
        b = i % 2;
        while(b-- >= 0)
            k++;
    }
    printf("%d,%d", k, b);
    return 0;
}
```

2. 程序改错

阅读程序，分析程序中的错误，每处错误均在提示行/*******************/的下一行，请将错误改正，并上机验证。

（1）从键盘输入 6 名学生的 5 门成绩，分别统计出每名学生的平均成绩。

```
/* ex5-5 */
#include "stdio. h"
int main( )
{
    int i, j;
    float g, sum, ave;
    /***********************/
    for (i = 0; i <= 6; i++)                    /* 6 名学生 */
    {
        printf("Please input 5 scores\n");
        sum = 0;
        /***********************/
        for (j = 1; j <= 5; j++) ;              /* 5 门功课 */
        {
            scanf ("%f",&g);
            sum += g ;
        }
            ave = sum / 5;
        printf("NO. %d student average= %f \n", i + 1, ave);
    }
    return 0;
}
```

（2）分别读取 1~10 之间的 5 个整数，每读取一个值，程序输出与该值相同个数的"＊"，输入数值大于 10 时不输出"＊"。例如，输入 5，输出 ＊＊＊＊＊ 。

```
/* ex5-6 */
#include "stdio. h"
int main( )
{
    int i, a, n = 1;
    printf("Please input a number\n");
    /***********************/
    while(n >= 5)
```

```
    {
        do
        {
            scanf("%d", &a);
        }while(a < 1 || a > 10);
/************************/
        for(i = 1; i < a; i++)
            printf("*");
        printf("\n");
        n++;
    }
    return 0;
}
```

3. 程序填空

阅读程序,在程序中提示行/*******************/的下一行填写正确内容,将程序补充完整,并上机验证。

(1) 根据公式 $sum = 1 + \dfrac{1}{2!} + \dfrac{1}{3!} + \cdots + \dfrac{1}{n!}$ 计算 sum 的值。

注意:根据题目,考虑所定义各变量的类型。

编程提示:定义一个变量,存放最后的求和结果(假设为 sum),sum 的数据类型为实型,定义变量 t,计算整数的阶乘。

```
/* ex5-7 */
#include "stdio.h"
int main( )
{
    int n, j;
    float sum = 0, t;
    for(n = 1; n <= 20; n++)
    {
        t = 1.0;
/************************/
        for(j = 1;    ①    ; j++)
            t = t * j;
/************************/
            ②
    }
    printf("%10.2f\n", sum);
    return 0;
}
```

(2) 下面函数的功能是求出 100~300 间的素数和。

```
/* ex5-8 */
/* 求 100~300 间的素数和 */
#include "stdio.h"
int main( )
{
    int i, j, flag, sum = 0;
    for(i = 100; i <= 300; i++)
    {
/************************/
```

```
        flag = ____①____ ;
        for(j = 2; j <= i - 1; j++)
        {
            if(i % j == 0)
            {
                flag = 1;
                break;
            }
        }
/************************/
        if( ____②____ )
            sum += i;
    }
    printf("The sum is %d\n", sum);
    return 0;
}
```

（3）下面程序的功能是：百马百担问题，有 100 匹马，驮 100 担货，大马驮 3 担，中马驮 2 担，两匹小马驮 1 担，计算大、中、小马的匹数。

```
/* ex5-9 */
# include "stdio. h"
int main( )
{
    int m, n, k;
/************************/
    ____①____ ;                   /* 定义 sum, 并初始化 */
    printf("各种驮法如下:\n");
/************************/
    for(m = 1; m <= 100; ____②____ )
    {
        for(n = 1; n <= 100 - m; n++)
        {
            k = 100 - m - n;
/************************/
            if((3 * m + 2 * n + 0.5 * ____③____ ) == 100)
            {
                printf("大马%3d 匹;中马%3d 匹;小马%3d 匹\n", m, n, k);
                sum++;
            }
        }
    }
    printf("共有 %d 种驮法. \n", sum);
    return 0;
}
```

4. 按要求编写程序，请在提示行/************************/之间填写代码，完善程序，并上机调试。

（1）编程输出九九乘法表。

编程提示：请按以下两种形式编程输出九九乘法表。

形式 1：

```
1*1=1    1*2=2    1*3=3    1*4=4    1*5=5    1*6=6    1*7=7    1*8=8    1*9=9
2*1=2    2*2=4    2*3=6    2*4=8    2*5=10   2*6=12   2*7=14   2*8=16   2*9=18
3*1=3    3*2=6    3*3=9    3*4=12   3*5=15   3*6=18   3*7=21   3*8=24   3*9=27
4*1=4    4*2=8    4*3=12   4*4=16   4*5=20   4*6=24   4*7=28   4*8=32   4*9=36
5*1=5    5*2=10   5*3=15   5*4=20   5*5=25   5*6=30   5*7=35   5*8=40   5*9=45
6*1=6    6*2=12   6*3=18   6*4=24   6*5=30   6*6=36   6*7=42   6*8=48   6*9=54
7*1=7    7*2=14   7*3=21   7*4=28   7*5=35   7*6=42   7*7=49   7*8=56   7*9=63
8*1=8    8*2=16   8*3=24   8*4=32   8*5=40   8*6=48   8*7=56   8*8=64   8*9=72
9*1=9    9*2=18   9*3=27   9*4=36   9*5=45   9*6=54   9*7=63   9*8=72   9*9=81
```

形式 2：

```
1*1=1    1*2=2    1*3=3    1*4=4    1*5=5    1*6=6    1*7=7    1*8=8    1*9=9
         2*2=4    2*3=6    2*4=8    2*5=10   2*6=12   2*7=14   2*8=16   2*9=18
                  3*3=9    3*4=12   3*5=15   3*6=18   3*7=21   3*8=24   3*9=27
                           4*4=16   4*5=20   4*6=24   4*7=28   4*8=32   4*9=36
                                    5*5=25   5*6=30   5*7=35   5*8=40   5*9=45
                                             6*6=36   6*7=42   6*8=48   6*9=54
                                                      7*7=49   7*8=56   7*9=63
                                                               8*8=64   8*9=72
                                                                        9*9=81
```

每个算式可以归为 i×j＝？ 的形式，而且每行中的算式数量随着行数变化。外层循环变量和内层循环变量应当取何值呢？

形式 1 程序的基本结构为

```
for(i = 1; i <= 9; i++)
{
    for(j = 1; _____ ; j++)
    {
        输出乘法算式;
    }
    换行;
}
```

形式 2 程序的基本结构为

```
for(i = 1; i <= 9; i++)
{
    for(k = 1; k <= 7 * i; k = k++)
    {
        printf(" ");
    }
    for(j = _____ ; j <= 9; j++)
    {
        printf("%d * %d=%2d ", i, j, i * j);
    }
    printf("\n");
}
/* ex5-10 */
/* 输出九九乘法表 */
# include "stdio. h"
int main( )
```

```
{
    /************************/


    /************************/
    return 0;
}
```

（2）编程输出以下图形。

```
    *
   ***
  *****
```

编程提示：输出图形的这一类问题，首先要看一看图形的特点，找到规律：一共有几行，每行先输出什么字符，输出几个；然后输出什么字符，输出几个。一般外循环变量控制行数，内循环变量控制各种字符的数量。

程序的基本结构为

```
for(i = 0；i <= 2；i++)
{
    连续输出若干空格；          /* 用一个循环语句实现 */
    连续输出若干个"*"；         /* 用一个循环语句实现 */
    输出一个换行；
}
/* ex5-11 */
/*  输出字符图形   */
#include "stdio. h"
int main( )
{
    /************************/


    /************************/
    return 0;
}
```

想一想，要输出下面的图形应当怎样实现？

```
*******              *
 *****              ***
  ***              *****
   *                ***
                     *
```

（3）搬砖问题：共有 36 块砖，由 36 个人搬，一男搬 4 块，一女搬 3 块，两个小孩抬 1 块，一次搬完，问男、女、小孩人数各是多少？

```
/* ex5-12 */
/*  搬砖问题  */
#include "stdio. h"
int main( )
{
    int men, women, child；
    /************************/
```

```
                    /*************************/
                    printf("%dmen,%dwomen,%dchild\n", men, women, child);
                    return 0;
                }
```

（4）甲、乙两个乒乓球队进行比赛，每队各出 3 人。甲队人为 A、B、C，乙队人为 X、Y、Z。已抽签决定比赛名单。有人向队员打听比赛的名单，A 说他不和 X 比，C 说他不和 X、Z 比，请编写程序列出两队比赛的名单。

```
        /* ex5-13 */
        /* 比赛抽签问题 */
        #include "stdio. h"
        int main( )
        {
            char i, j;                        /* 变量 i 代表甲队，变量 j 代表乙队 */
            /*************************/


            /*************************/
            return 0;
        }
```

2.5.5   实验注意事项

1. 对于双重循环来说，外层循环往往控制变化较慢的参数（例如所求结果的数据项的个数、图形的行数等），而内层循环变化快，一般控制数据项的计算、图形中各种字符的数量等。

2. 外层循环变量增值一次，内层循环变量从初值到终值执行一遍。

3. 程序书写时，最好使用缩进以使程序结构清晰。

2.6   实验 6   一维、二维数组程序设计

2.6.1   实验学时：4 学时

2.6.2   实验目的

1. 掌握一维数组的定义、初始化方法。

2. 掌握一维数组中数据的输入和输出方法。

3. 掌握与一维数组有关的程序和算法。

4. 了解用数组处理大量数据时的优越性。

5. 掌握二维数组的定义、赋值及输入/输出的方法。

6. 掌握与二维数组有关的算法，如查找、矩阵转置等。

7. 掌握在程序设计中使用数组的方法。数组是非常重要的数据类型，循环中使用数组能更好地发挥循环的作用，有些问题不使用数组难以实现。

8. 掌握在 Visual C++ 环境下上机调试二维数组程序的方法，并对结果进行分析。

2.6.3   预习内容

1. 理解数组的概念、利用数组存放数据有何特点。

2. 一维数组的定义、初始化方法。

3. 一维数组中数据的输入和输出方法。

4. 熟悉二维数组的定义、引用和相关算法(求最大值、最小值)的程序设计。

5. 掌握在程序设计中利用双重循环来实现二维数组的输入和输出。

2.6.4　实验内容

1. 阅读程序,分析结果,并上机验证。

(1) 使用循环结构,从键盘上输入数据,为每个数组元素赋值,并输出各数组元素,求所有元素的和。例如输入 1 2 3 4 并按回车键,程序的运行结果是_____。

```c
/* ex6-1 */
# include "stdio. h"
int main( )
{
    int i, a[4], sum = 0;
    printf("Please input 4 numbers\n");
    for(i = 0; i < 4; i++)                      /* 使用循环从键盘输入数据给数组元素赋值 */
        scanf("%d", &a[i]);
    printf("\nall elements of array is:");
    for(i = 0; i < 4; i++)
    {
        printf("%d ", a[i]);
        sum += a[i];
    }
    printf("\n");
    printf("sum=%d\n", sum);
    return 0;
}
```

(2) 二维数组的初始化。下面给出了二维数组初始化的两种方法。

① 定义时直接赋初值(分行),程序的运行结果是_____。

```c
/* ex6-2 */
# include "stdio. h"
int main( )
{
    int i, j, s = 0;
    /* 二维数组的初始化(分行) */
    int a[2][3] = {{1, 2, 3}, {4, 5, 6}};
    for(i = 0; i < 2; i++)
    {
        for(j = 0; j < 3; j++)
        {
            printf("%d ", a[i][j]);
            s += a[i][j];
        }
        printf("\n");
    }
    printf("%d\n", s);
    return 0;
}
```

② 使用循环从键盘对数组元素赋值。

例如，输入 1 2 3 4 5 6，程序的运行结果是_____。

```c
/* ex6-3 */
#include "stdio.h"
int main( )
{
    int i, j, a[2][3];
    printf("Please input 6 numbers\n");
/* 使用循环从键盘输入数据给数组赋初值 */
    for(i = 0; i < 2; i++)
    {
        for(j = 0; j < 3; j++)
        {
            scanf("%d", &a[i][j]);
        }
    }
/* 使用循环将数组中的元素依次输出到屏幕上 */
    for(i = 0; i < 2; i++)
    {
        for(j = 0; j < 3; j++)
        {
            printf("%d ", a[i][j]);
        }
        printf("\n");
    }
    return 0;
}
```

(3) 程序的运行结果是_____。

```c
/* ex6-4 */
#include "stdio.h"
int main( )
{
    int i, j;
    int a[6] = {12, 4, 17, 24, 27, 16}, b[6] = {27, 13, 4, 25, 23, 16};
    for(i = 0; i < 6; i++)
    {
        for(j = 0; j < 6; j++)
        {
            if(a[i] == b[j])
                break;
        }
        if(j < 6)
            printf("%d ", a[i]);
    }
    printf("\n");
    return 0;
}
```

2. 阅读程序，分析程序中的错误，每处错误均在提示行/*********************/的下一行，请将错误改正，并上机验证。

(1) 定义一个 5 行 5 列的二维数组 a，使主对角线及以下的所有元素初始化为 1，且输出如下所示：

```
                    1
                    1 1
                    1 1 1
                    1 1 1 1
                    1 1 1 1 1
/* ex6-5 */
# include "stdio. h"
int main( )
{
    int i, j, a[5][5];
    for(i = 0; i < 5; i++)
    {
/***********************/
        for(j = 0; j <= 5; j++)
            a[i][j] = 1;
    }
    for(i = 0; i < 5; i++)
    {
        for(j = 0; j <= i; j++)
            printf("%d ", a[i][j]);
/***********************/
        printf("\t");
    }
    return 0;
}
```

(2) 将数组中最大的数与第一个元素交换,最小的数与最后一个元素交换,输出数组。

```
/* ex6-6 */
# include "stdio. h"
int main( )
{
    int arr[10] = {6, 3, 4, 7, 1, 8, 9, 2, 20, 13};
    int i, max, min, m, n, t;
    printf("The original array\n");
    for(i = 0; i < 10; i++)
        printf("%3d ", arr[i]);
/***********************/
    min =0;
    max = arr[0];
    for(i = 0; i < 10; i++)
    {
        if(arr[i] > max)
        {
            max = arr[i];
            m = i;
        }
        if(arr[i] < min)
        {
            min = arr[i];
            n = i;
        }
    }
    t = arr[0];
    arr[0] = arr[m];
    arr[m] = t;
```

```
            /**************************/
            t = arr[10];
            arr[9] = arr[n];
            arr[n] = t;
            printf("\nThe exchanged array\n");
            for(i = 0; i < 10; i++)
                printf("%3d ", arr[i]);
            return 0;
        }
```

3.阅读程序,在程序中提示行/***********************/的下一行填写正确内容,将程序补充完整,并上机验证。

(1)编写程序,为一维数组 a 中的元素赋值,并按照逆序输出。

```
/* ex6-7 */
#include "stdio. h"
int main( )
{
    int i, a[10];                          /* 定义循环变量 i 和一维数组 a */
    printf("Please input 10 numbers\n");
    /**********************/
    for(i = 0;    ①    ; i++)             /* 利用循环实现一维数组的输入输出 */
        scanf("%d", &a[i]);
    /**********************/
    for(    ②    )                        /* 请将循环语句补充完整 */
        printf("%d  ", a[i]);             /* 按照逆序输出 */
    printf("\n");
    return 0;
}
```

(2)编写程序,输出一维数组 a 中元素最小的值及其下标。

编程提示:

① 定义整型变量 p,存放最小值元素的下标,将其初始化为 0。例如,int p=0;即从数组第 0 个元素开始判断。再定义一个整型变量 min 存放最小值,min=a[p];。

② 通过循环,依次判断数组中的每一个元素 a[i]是否小于 min,如果是,则将 a[i]的值赋给 min,同时将 i 的值赋给 p。

```
/* ex6-8 */
/* 输出一维数组中元素的最小值及其下标 */
方法一:
#include "stdio. h"
int main( )
{
    int i, p = 0, min;                     /* min 为最小值,p 为其下标 */
    int a[10] = {9, 8, 7, 6, 1, 3, 5, 18, 2, 4};
    /**********************/
    min =    ①    ;                        /* 用数组中的第一个元素值作为 min 的初始值 */
    for(i = 1; i < 10; i++)
    {
        if (a[i] < min)
        {
        /**********************/
```

```
                    ②
              ───────────
              p = i;
        }
    }
    /* 输出一维数组 a 中的最小值及其下标 */
    printf("%d,%d\n", min, p);
    return 0;
}
```

方法二：

```
/* ex6-9 */
#include "stdio. h"
int main( )
{
    /***********************/
    int i, p = _____①_____ , a[10];
    for(i = 0; i < 10; i++)
        scanf("%d", &a[i]);
    for(i = 1; i < 10; i++)
    {
        if(a[i] < a[p])
    /***********************/
                    ②
              ───────────
    }
    printf("%d,%d", a[p], p);        /* 输出一维数组 a 中的最小值及其下标 */
    return 0;
}
```

（3）编写程序，求一维数组中下标为偶数的元素之和。

```
/* ex6-10 */
/* 求一维数组中下标为偶数的元素之和 */
#include "stdio. h"
int main( )
{
    int i, sum= 0;                    /* 初始化 sum 为 0,存放下标为偶数的元素和 */
    int a[ ] = {2, 3, 4, 5, 6, 7, 8, 9};    /* 定义一个数组 a 并初始化 */
    /***********************/
    for(i = 0; i < 8; _____①_____ )
        sum += a[i];
    /***********************/
    printf("sum=%d\n", _____②_____ );    /* 输出 sum,即下标为偶数的元素之和 */
    return 0;
}
```

（4）分别求一个 4×4 矩阵的主对角线和副对角线元素之和，填空并运行程序。

```
/* ex6-11 */
#include "stdio. h"
int main( )
{
    int a[4][4] = {{1, 2, 3, 4}, {5, 6, 7, 8}, {3, 9, 10, 2}, {4, 2, 9, 6}};
    /***********************/
    int i, j, sum1 = _____①_____ , sum2 = 0;
    for(i = 0; i < 4; i++)
        for(j = 0; j < 4; j++)
        {
            if(i == j)
```

```
        /**************************/
                sum1 = _____②_____ ;            /* 主对角线元素的和放在变量 sum1 中 */
            if(i + j == 3)
                sum2 = sum2 + a[i][j];            /* 副对角线元素的和放到 sum2 中 */
            }
        printf("sum1=%d,sum2=%d\n", sum1, sum2);  /* 输出主、副对角线元素的和 */
        return 0;
    }
```

（5）统计 3 名学生 4 门课程的考试成绩，要求输出每名学生的总成绩、平均成绩和总平均成绩。填空并运行程序。

```
/* ex6-12 */
#include "stdio.h"
int main( )
{
    int stu[3][4], i, j, t[3];
    /**************************/
    float sum = _____①_____ , a[3];
    for(i = 0; i < 3; i++)                      /* 输入 3 名学生 4 门课程的成绩 */
    {
        for(j = 0; j < 4; j++)
            scanf("%d", &stu[i][j]);
    }
    for(i = 0; i < 3; i++)
    {
        /**************************/
        t[i] = _____②_____ ;
        for(j = 0; j < 4; j++)
        {
            sum += stu[i][j];                   /* sum 存放 3 名学生 4 门课程的总成绩 */
            t[i] += stu[i][j];                  /* t[i]存放第 i 名学生 4 门课程的成绩 */
        }
        printf("%-6d", t[i]);                   /* 输出第 i 名学生的总成绩 */
        /**************************/
        _____③_____
        /* a[i]存放第 i 名学生 4 门课程的平均成绩 */
        printf("%-6.2f\n", a[i]);
    }
    printf("average=%.2f\n", sum/12.0);
    return 0;
}
```

（6）以下程序是查找二维数组 a 的最大元素及其下标，填空并运行程序。

```
/* ex6-13 */
/* 求二维数组中元素的最大值及其下标 */
#include "stdio.h"
int main( )
{
    int a[4][4]={{1, 2, 3, 4}, {3, 4, 5, 6}, {5, 6, 7, 8}, {7, 8, 9, 10}};
    int i, j, max, r, c;       /* max 存放最大值，r、c 分别存放行和列的下标 */
    /**************************/
    max = _____①_____ ;
    for(i = 0; i < 4; i++)
    {
```

```
                 for(j = 0;j < 4; j++)
                     if(max < a[i][j])
                     {
/*************************/
                         _____②_____
                         r = i;
                         c = j;
                     }
             }
             printf("max=%d,r=%d,c=%d%\n", max, r, c);
             return 0;
         }
```

（7）下面的程序自动形成并输出如下矩阵，填空并运行程序。

```
          1    2    3    4    5
          1    1    6    7    8
          1    1    1    9    10
          1    1    1    1    11
          1    1    1    1    1
```

```
/* ex6-14 */
# include "stdio. h"
int main( )
{
    int i, j, k, a[5][5];
    k = 2;
    for(i = 0; i < 5; i++)                   /* 行循环 */
    {
        for(j = 0; j < 5; j++)               /* 列循环 */
/*************************/
        {
            if(    ____①____    )
                a[i][j] = 1;                 /* 产生矩阵的下三角元素 */
            else
                a[i][j] = k++;               /* 产生矩阵的上三角元素 */
        }
    }
    for(i = 0; i < 5; i++)
    {
        for(j = 0; j < 5; j++)
            printf("%4d", a[i][j]);
/*************************/
        printf("____②____");                /* 每输出一行后换行 */
    }
    return 0;
}
```

4. 按要求编写程序，请在提示行/*************************/之间填写代码，完善程序，
并上机调试。

（1）编写程序，将 100 以内的素数存放到一个数组中。

编程提示：需要使用双层循环嵌套实现程序设计。

```
/* ex6-15 */
/* 将 1～100 之间的所有素数放在一维数组中 */
```

```
# include "stdio. h"
int main( )
{
    int i, j, k = 0;              /* i 表示 1～100 间的数，k 是数组的下标 */
    int flag;                     /* flag 是表示 i 是否为素数的标志变量 */
    /* 请将下面注释块的内容转换为程序代码 */
    /* 考虑数组的长度应该定义为多少 */
    /* 定义数组 a 存放素数；
    for(i = 2; i <= 100; i++)
    {
        将标志变量的值置为 0；
        for(j = 2; j <= i-1; j++)
        {
            假如不是素数，将标志变量置为 1；
            跳出循环；
        }
        if(flag == 0)
        {
            将素数的值存入数组 a 中；
            下标变量 k 自加 1；
        }
    }
    */
    /************************/



    /************************/
    for(i = 0; i < k; i++)             /* 输出数组中的所有素数 */
        printf("%d", a[i]);
    return 0;
}
```

(2) 编写程序输出以下的杨辉三角形(要求输出 10 行)。

```
1
1   1
1   2   1
1   3   3   1
1   4   6   4   1
1   5   10  10  5    1
1   6   15  20  15   6    1
1   7   21  35  35   21   7   1
1   8   28  56  70   56   28  8   1
1   9   36  84  126  126  84  36  9   1
```

编程提示：杨辉三角的特点是，第 1 列和对角线上的元素为 1，其他各元素的值都是上一行上一列元素和，上一行前一列元素之和。

```
/* ex6-16 */
# include "stdio. h"
int main( )
{
    int i, j;
    int a[10][10];                        /* 定义一个 10×10 的二维数组 a */
    /* 请将此注释块的内容转换为程序 */
    /*
```

```
        for(i = 0; i < 10; i++)
        {
            将第一列和对角线上的元素赋值为 1;
        }
        for(_____; i < 10; i++)
            for(_____; _____; j++)
                a[i][j] = a[i - 1][j - 1] + a[i - 1][j];
        */
/*************************/


/*************************/
/*  利用双重循环输出二维数组的所有元素值  */
        for(i = 0;i < 10;i++)
        {
            for(j = 0;j <= i;j++)
                printf("%4d", a[i][j]);
            printf("\n");
        }
        return 0;
}
```

（3）题目：某个公司采用公用电话传递数据，数据是 4 位的整数，在传递过程中是加密的。加密规则如下：每位数字都加上 5，然后用和除以 10 的余数代替该数字，再将第 1 位和第 4 位交换，第 2 位和第 3 位交换。

```
/*  ex6-17  */
# include "stdio. h"
int main( )
{
    int a, i, aa[4], t;
    scanf("%d", &a);
    aa[0] = a % 10;
    aa[1] = a % 100 / 10;
    aa[2] = a % 1000 / 100;
    aa[3] = a / 1000;
/*************************/


/*************************/
    for(i = 3; i >= 0; i--)
        printf("%d", aa[i]);
}
```

（4）输入一个十进制整数，将其转化为对应的二进制数。

```
/*  ex6-18  */
# include "stdio. h"
int main( )
{
    int a, b[10], c, i = 0;
    printf("输入一个整数\n");
    scanf("%d", &a);
/*************************/


/*************************/
```

```
        for(; i > 0; i——)
            printf("%d", b[i-1]);
        return 0;
    }
```

（5）所谓魔方阵，是指这样的方阵：它的每一行、每一列和对角线之和均相等。

输入 n，要求输出由 $1 \sim n^2$ 的自然数构成的魔方阵（n 为奇数）。例如，当 $n=3$ 时，魔方阵为

```
8  1  6
3  5  7
4  9  2
```

编程提示：魔方阵中各数的排列规律如下。

① 将"1"放在第 1 行的中间一列。

② 从"2"开始直到 $n \times n$ 为止的各数，依次按下列规则存放，每一个数存放的行比前一个数的行数减 1，列数加 1。

③ 如果上一数的行数为 1，则下一个数的行数为 n（最下一行），如在 3×3 方阵中，1 在第 1 行，则 2 应放在第 3 行第 3 列。

④ 当上一个数的列数为 n 时，下一个数的列数应为 1，行数减 1。如 2 在第 3 行第 3 列，3 应在第 2 行第 1 列。

⑤ 如果按上面规则确定的位置上已有数，或上一个数是第 1 行第 n 列时，则把下一个数放在上一个数的下面。如按上面的规定，4 应放在第 1 行第 2 列，但该位置已被 1 占据，所以 4 就放在 3 的下面。由于 6 是第 1 行第 3 列（即最后一列），故 7 放在 6 下面。

```
        /* 输出魔方阵 */
        /* ex6-19 */
        #include "stdio.h"
        #define Max 15
        int main()
        {
            int i, row, col, odd;
            int m[Max][Max];                 /* 定义二维数组存放魔方阵数据 */
            printf("\nPlease input an odd:");
            scanf("%d", &odd);               /* n 必须是正奇数 */
            if(odd<=0 || odd%2==0)           /* 输入不正确，重新输入 */
            {
                printf("\nInput Error! \n");
                return 0;
            }
            printf("\nodd=%d\n\n", odd);     /* 输出魔方阵的阶数 */
            row=0;                           /* 第 1 个数所在的行下标 */
            col=odd/2;                       /* 第 1 个数所在的列下标 */
            for(i = 1; i <= odd * odd; i++)  /* 将 1—n² 之间的数放到二维数组中 */
            {
            /*************************/


            /*************************/
            }
            printf
            for(row=0; row<odd; row++)       /* 输出产生的魔方阵数据 */
            {
                for(col=0; col<odd; col++)
                printf("%4d", m[row][col]);
```

```
        printf("\n\n");
    }
    return 0;
}
```

2.6.5　实验注意事项

1.C 语言规定,数组元素的下标下界为 0,因此数组元素的下标上界是该数组元素的个数减 1。例如,定义 int a[10];,则数组元素的下标上界为 9。

2.由于数组的下标下界为 0,所以数组中下标和元素位置的对应关系是:第 1 个元素下标为 0,第 2 个元素下标为 1,第 3 个元素下标为 2,以此类推,第 n 个元素下标为 $n-1$。

3.数值型数组要对多个数组元素赋值时,使用循环语句,使数组元素的下标依次变化,从而为每个数组元素赋值。例如,

```
int a[10],i;
for(i = 0; i < 10; i++)
    scanf("%d", &a[i]);
```

不能通过如下的方法对数组中的全部元素赋值。

```
int a[10], i;
scanf("%d", &a[i]);
```

4.C 语言规定,二维数组的行和列的下标都是从 0 开始的。例如,有定义

```
int b[3][5];
```

则数组 b 的第 1 维下标的上界为 2,第 2 维下标的上界为 4。说明定义了一个整型二维数组 b,它有 3 行 5 列共 $3 \times 5 = 15$ 个数组元素,行下标为 0,1,2,列下标为 0,1,2,3,4,则数组 b 的各个数组元素是

```
b[0][0], b[0][1], b[0][2], b[0][3], b[0][4]
b[1][0], b[1][1], b[1][2], b[1][3], b[1][4]
b[2][0], b[2][1], b[2][2], b[2][3], b[2][4]
```

5.要对二维数组的多个数组元素赋值,应使用循环语句,并在循环过程中使数组元素的下标变化。可使用下面的方法为所有数组元素赋值:

```
int i, j, a[3][3];
for(i = 0; i < 3; i++)
    for(j = 0; j < 3; j++)
        scanf("%d", &a[i][j]);
```

2.7　实验 7　字符数组程序设计

2.7.1　实验学时:2 学时

2.7.2　实验目的

1.掌握字符数组的定义、初始化和引用。

2.掌握字符串处理函数的使用。

2.7.3 预习内容

重点预习的内容：C 语言中字符串的存储表示方法；字符数组输入/输出的方法；常用的字符串处理函数的使用。

2.7.4 实验内容

1.阅读程序，分析结果，并上机验证。

（1）程序的运行结果是_____。（注意字符数组初始化的值''中是一个空格字符）

```
/* ex7-1 */
#include "stdio. h"
int main( )
{
    char a[11] = {'I', ' ', 'a', 'm', ' ', 'a', ' ', 'b', 'o', 'y','\0'};
    printf("%s\n", a);
    return 0;
}
```

（2）程序的运行结果是_____。

```
/* ex7-2 */
#include "stdio. h"
#include "string. h"
int main( )
{
    char st[20] = "Good bye\0\t\'\\";
    printf("%d %d\n", strlen(st), sizeof(st));
    return 0;
}
```

（3）从键盘输入大写字母 ABC，程序的运行结果是_____。

```
/* ex7-3 */
#include "stdio. h"
#include "string. h"
int main( )
{
    char ss[10] = "12345";
    gets(ss);
    strcat(ss, "6789");
    printf("%s\n", ss);
    return 0;
}
```

（4）程序的运行结果是_____。

```
/* ex7-4 */
#include "stdio. h"
int main( )
{
    char s[] = "12134211";
    int v1 = 0, v2 = 0, v3 = 0, v4 = 0, k;
    for(k = 0; s[k]; k++)
    {
        switch(s[k])
```

```
        {
            case '1': v1++;
            case '2': v2++;
            case '3': v3++;
            default: v4++;
        }
    }
    printf ("v1=%d,v2=%d,v3=%d,v4=%d\n", v1, v2, v3, v4);
    return 0;
}
```

2.阅读程序,分析程序中的错误,每处错误均在提示行/*********************/的下一行,请将错误改正,并上机验证。

(1) 依次取出字符串中所有数字字符,形成新的字符串,并取代原字符串。请改正函数中指定位置的错误,使它能得出正确的结果。

```
/* ex7-5 */
# include "stdio. h"
int main( )
{
    int i, j;
    char s[ ] = "stu1den2t3";
    for(i = 0, j = 0; s[i] != '\0'; i++)
    {
/*********************/
        if(s[i] <= '0' && s[i] >= '9')
            s[j++] = s[i];
    }
/*********************/
    s[i] = '\0';
    printf("%s", s);
    return 0;
}
```

(2) 将字符串中的字母转换为后续字母(如 A 转换为 B, a 转换为 b, Z 转换为 A, z 转换为 a),其他字符不变。

```
/* ex7-6 */
# include "stdio. h"
# inlcude "string. h"
int main( )
{
    char s[70];
    int i = 0;
    printf("Please input a string\n ");
    gets(s);
/*********************/
    while(s[i] = '\0')
    {
        if(s[i] >= 'A' && s[i] <= Z' || s[i] >= 'a' && s[i] <= 'z')
        {
            if(s[i] == 'Z')
                s[i] = 'A';
            else if(s[i] == 'z')
                s[i] = 'a';
```

```
        else
            s[i] += 1;
        }
/************************/
        i--;
    }
    printf("%s", s);
    return 0;
}
```

（3）将 p 所指字符串中每个单词的最后一个字母改写成大写（这里的"单词"是指空格隔离开的字符串）。例如，若输入" i am a boy"，则输出" I aM A boY"。

```
/* ex7-7 */
#include "stdio. h"
int main( )
{
    int k = 0, i;
    char p[50];
    printf("Please input a string\n");
    gets(p);
    for(i = 0; p[i] != '\0'; i++)
    {
/************************/
    if(k = 1)                      /* 一个单词的继续 */
    {
        if(p[i] == ' ')
        {
            k = 0;                 /* 标志一个单词的结束 */
            p[i-1] = p[i-1] - 32;
        }
    }
    else
        k = 1;                     /* 新单词开始 */
    }
/************************/
    p[i+1] = p[i+1] - 32;
    printf("After exchange is %s\n", p);
}
```

3.阅读程序，在程序中提示行/************************/的下一行填写正确内容，将程序补充完整，并上机验证。

（1）下面程序的功能是实现将一个字符串中的所有大写字母转换为小写字母并输出。例如，当字符串为"This Is a c Program"时，输出"this is a c program"。

```
/* ex7-8 */
/* 字符串中的大写字母转为小写字母 */
#include "stdio. h"
int main( )
{
    char str[80] = "This Is a c Program";
    int i;
    printf("String is: %s\n", str);
/************************/
    for(i = 0; str[i] != ___①___ ; i++)
```

```
        {
                if(str[i] >= 'A' && str[i] <= 'Z')
/*************************/
                    ②                          /* 将大写字母转换为小写字母 */
        }
        printf("Result is: %s\n", str);
        return 0;
}
```

思考：如果将字符串中的所有小写字母转换为大写字母，又将如何修改程序？

（2）比较两个字符串长度，输出提示信息。

```
/* ex7-9 */
#include "stdio.h"
int main( )
{
        int sl = 0, tl = 0, i;
        char ss[50], tt[50];
        printf("Please input the first string\n");
        gets(ss);                                /* 输入第 1 个字符串 */
        printf("Please input the second string\n");
        gets(tt);                                /* 输入第 2 个字符串 */
        for(i = 0; ss[i] != '\0'; i++)
        {
/*************************/
                    ①                          /* 求第 1 个串的长度 */
        }
        for(i = 0; ss[i] != '\0'; i++)
        {
/*************************/
                    ②                          /* 求第 2 个串的长度 */
        }
        if(tl >= sl)
                printf("The first string is longer\n");
        else
                printf("The second string is longer\n");
        return 0;
}
```

（3）将一个八进制数字字符串转换为十进制整数，例如八进制数"121"，转换为十进制整数 81。

```
/* ex7-10 */
#include "stdio.h"
int main( )
{
        char s[6];
        int i = 0, n;
        printf("Please input a string with numbers\n");
/*************************/
            ①                          /* 输入八进制数字字符串 */
        n = 0;
        while(s[i] != '\0')
        {
/*************************/
                    ②                          /* 将数字字符转换为对应的数值 */
                i++;
```

```
        }
        printf("decimal=%d", n);
        return 0;
    }
```

4.按要求编写程序，请在提示行/*****************************/之间填写代码，完善程序，并上机调试。

（1）按照要求编写程序：有一行文字，不超过 80 个字符，分别统计出其中英文大写字母、小写字母、数字、空格及其他字符的个数。

编程提示：

① 定义一个一维字符数组。

② 定义 5 个整型变量分别统计大写字母、小写字母、数字、空格和其他字符的个数（即作为 5 个计数器使用），并为这 5 个变量赋初值。

③ 用 gets 函数为字符数组赋一个字符串（请思考为什么不宜使用 scanf 函数）。

④ 在循环中对字符数组的每个元素进行判断，相应的计数器加 1。注意循环控制的条件和进行判断的条件怎样设置。

⑤ 循环结束后输出各计数器的值。

思考：如果是对一篇英文文章进行统计，又该怎么编程呢？文章的行数和每行字数可以自己来设置。提示：对文章的内容要用二维字符数组来存储。

```
        /* ex7-11 */
        /* 统计字符个数 */
        #include "stdio.h"
        int main( )
        {
            /************************/


            /************************/
            return 0;
        }
```

（2）下面程序的功能是实现将两个字符串连接起来并输出结果，注意不使用 strcat 函数。

编程提示：

① 定义两个一维字符型数组 str1、str2 和两个循环变量。

② 为两个字符数组输入两个字符串（可使用 scanf 函数或 gets 函数整体赋值，要注意 scanf 和 gets 函数的区别，在对字符串赋值时，scanf 函数不能出现空格）。

③ 确定字符数组 str1 结束的位置。再将字符数组 str2 中的内容连接到字符数组 str1 的后面。

④ 为字符数组 str1 赋字符串结束的标志'\0'。

⑤ 输出连接后的字符数组 str1。

```
        /* ex7-12 */
        /* 字符串连接 */
        #include "stdio.h"
        int main( )
        {
            char str1[100], str2[100];
            int i = 0, j = 0;
            printf("please input the string1:");
```

```
        gets(strl);
        printf("please input the string2:");
        gets(str2);
        for(i = 0; strl[i] != '\0'; i++)
                ;                                /* 注意，此处空语句不可少 */
        /************************/


        /************************/         /* 给出新的字符串的结束符 */
        printf("the catenated string is %s", strl);
        return 0;
}
```

（3）编写程序实现在一个字符串中查找指定的字符，并输出指定的字符在字符串中出现的次数及位置，如果该字符串中不包含指定的字符，请输出提示信息。

编程提示：

① 定义两个一维数组，字符数组 a 用来存放字符串，整数数组 b 用来存放指定字符在字符串中出现的位置（即对应的下标）。

② 定义 i、j、m 三个循环控制变量和一个标志变量 flag，并初始化 flag 的值为 0。

③ 用 scanf 函数或 gets 函数为字符数组赋一个字符串。

④ 在循环中对字符数组的每个元素和指定字符 ch 进行匹配判断，如果相同，就把其下标依次存放在数组 b 中，并置 flag 的值为 1。

⑤ 循环退出后判断标志变量 flag 的值，如果仍为 0，说明字符串中没出现指定的字符，否则，就输出该字符在字符串中出现的次数和位置。

```
        /* ex7-13 */
        # include "stdio. h"
        int main( )
        {
            /************************/


            /************************/
            return 0;
        }
```

（4）编写程序，在一个已知的字符串中查找最长单词，假定字符串中只含字母和空格，空格用来分隔不同单词。

```
        /* 在一个已知的字符串中查找最长单词 */
        /* ex7-14 */
        # include"stdio. h"
        int main( )
        {
            char string[80];
            int i = 0, max = 0, j = 0;
            printf("please input a string:\n");
            gets(string);
            /************************/


            /************************/
            printf("\nmax_length of the word is: %d \n", max);
            return 0;
        }
```

2.7.5 实验注意事项

1.C语言中字符串是作为一维数组存放在内存中的,并且系统对字符串常量自动加上一个 $'\backslash 0'$ 作为结束符,所以在定义一个字符数组并初始化时要注意数组的长度。

2.注意用 scanf 函数对字符数组整体赋值的形式。

2.8 实验8 函数(一)

2.8.1 实验学时:4学时

2.8.2 实验目的

1.掌握函数的定义、函数类型、函数参数、函数调用的基本概念。
2.掌握变量名作为函数参数的程序设计方法。
3.掌握函数嵌套调用的方法。
4.掌握数组元素作为函数参数的程序设计方法。
5.掌握数组名作为函数参数的程序设计方法。
6.掌握字符数组作为函数参数的程序设计方法。
7.了解全局变量、局部变量的概念和使用方法。

2.8.3 预习内容

1.函数的定义、函数类型、函数参数、返回值、函数调用的基本概念。
2.函数实参与形参的对应关系及参数的传递。
3.以变量名作为函数形参,以表达式作为函数实参的使用方法。
4.一维和二维数组名作为函数参数的方法。
5.全局变量和局部变量重名时的用法。

2.8.4 实验内容

1.阅读程序,分析结果,并上机验证。

(1) 程序的运行结果是_____。

```
/* ex8-1 */
#include "stdio.h"
void fun(int x, int y)
{
    int t;
    t = x;
    x = y;
    y = x;
    printf("fun:x=%d,y=%d\n", x, y);
}

int main( )
{
```

```
        int x = 2, y = 3;
        fun(x, y);
        printf("main:x=%d,y=%d\n", x, y);
        return 0;
    }
```

（2）程序的运行结果是_____。

```
/* ex8-2 */
# include "stdio. h"
int main( )
{
        char exchange(char c2);
        char c1='G';
        c1=exchange(c1);
        putchar(c1);
        return 0;
    }


char exchange(char c2)
{
        c2=c2+32;
        return c2;
    }
```

（3）程序的运行结果是_____。

```
/* ex8-3 */
# include "stdio. h"
void hello_world( )
{
        printf("Hello, world! \n");
    }


void three_hellos( )
{
        int counter;
        for(counter = 1; counter <= 3; counter++)
            hello_world( );                    /* 调用函数 */
    }


int main( )
{
        three_hellos( );                       /* 调用函数 */
        return 0;
    }
```

（4）程序的运行结果是_____。

```
/* ex8-4 */
# include "stdio. h"
# include "math. h"
int prime(int m)
{
        int j, k, flag = 0;
        k = sqrt(m);
        for(j = 2; j <= k; j++)
```

```
        {
            if(m % j == 0)
            {
                flag = 1;
                break;
            }
        }
        return flag;
    }


    int main( )
    {
        int i, a[10] = {4, 3, 7, 19, 21, 101, 38, 37, 49, 121}, mflag;
        printf("prime are :");
        for(i = 0; i < 10; i++)
        {
            mflag = prime(a[i]);
            if(mflag == 0)
                printf("%d,", a[i]);
        }
        printf("\n");
        return 0;
    }
```

（5）程序的运行结果是_____。

```
/* ex8-5 */
# include "stdio. h"
int x, y;
one( )
{
    int a, b;
    a = 25;
    b = 10;
    x = a - b;
    y = a + b;
}
main( )
{
    int a, b;
    a = 9;
    b = 5;
    x = a + b;
    y = a - b;
    one( );
    printf("%d,%d,%d,%d\n", a, b, x, y);
}
```

2.阅读程序，分析程序中的错误，每处错误均在提示行/*******************/的下一行，请将错误改正，并上机验证。

（1）计算 n!。例如，给 n 输入 5，则输出 120.000000。给 n 输入 6，则输出 720.000000。

```
/* ex8-6 */
# include "stdio. h"
double fun (int n)
{
```

```
        double result = 1.0;
        int i;
        /************************/
        for(i = 1; i < n; i++)
        result = result * n;
        return result;
    }
    int main( )
    {
        int n;
        printf("Please input N:\n");
        scanf("%d", &n);
        /************************/
        printf("\n\n%d! = %lf\n\n", n, fun(int n));
        return 0;
    }
```

（2）使用函数用辗转相除法求两个整数的最大公约数。

```
    /* ex8-7 */
    #include "stdio. h"
    int main( )
    {
        int gcd(int x, int y);
        int a, b, great;
        printf("Please intput data a b:\n");
        scanf("%d%d", &a, &b);
        great = gcd(a, b);
        printf("great=%d\n", great);
        return 0;
    }


    /************************/
    int gcd(float x, float y)
    {
        int t;
        if(x < y)
        {
            t = x;
            x = y;
            y = t;
        }
        while(y != 0)
        {
            t = x % y;
            x = y;
    /************************/
            x = t;
        }
        return x;
    }
```

（3）将 s 所指字符串的正序和反序进行连接，形成一个新字符串放在 t 所指的数组中。例如，当 s 所指字符串为"ABCD"时，则 t 所指字符串中的内容应为"ABCDDCBA"。

```
/* ex8-8 */
# include "string. h"
# include "stdio. h"
void fun(char ss1[ ], char tt1[ ])
{
    int i, d;
    d = strlen(ss1);
    for(i = 0; i < d; i++)
    /***********************/
        ss1[i] = tt1[i];
    for(i = 0; i < d; i++)
    /***********************/
        tt1[d + i] = ss1[d - i];
    tt1[2 * d] = '\0';
}

int main( )
{
    char ss[20], tt[50];
    gets(ss);
    fun(ss, tt);
    puts(tt);
    return 0;
}
```

(4) 计算 $N \times M$ 矩阵的主对角线元素和副对角线元素之和，并作为函数值返回。先累加主对角线元素中的值，然后累加副对角线元素中的值，如 $N=3$，有下列矩阵：

$$\begin{bmatrix} 1 & 2 & 3 \\ 4 & 5 & 6 \\ 7 & 8 & 9 \end{bmatrix}$$

fun 函数首先累加 1、5、9，然后累加 3、5、7，函数的返回值为 30。

```
/* ex8-9 */
# include "stdio. h"
# define N 4
int fun(int t[ ][N])
{
    int i, sum;
    sum = 0;
    for(i = 0; i < N; i++)
    {
    /***********************/
        sum += t[i][N];
    }
    for(i = 0; i < N; i++)
    {
    /***********************/
        sum += t[i][N - i];
    }
    return sum;
}

int main( )
{
```

```
        int t[N][N], i, j, sum;
        for(i = 0; i < N; i++)
        {
            for(j = 0; j < N; j++)
                scanf("%d", &t[i][j]);
        }
        /**************************/
        sum = fun(t[N][N]);
        for(i = 0;i < N;i++)
        {
            for(j = 0;j < N;j++)
            {
                printf("%3d", t[i][j]);
            }
            printf("\n");
        }
        printf("sum=%d\n", sum);
        return 0;
    }
```

3.阅读程序,在程序中提示行/**********************/的下一行填写正确内容,将程序补充完整,并上机验证。

(1)输出所有"水仙花数"。所谓"水仙花数",是指一个 3 位数,其各位数字立方和等于该数本身。例如,153 是一水仙花数,$153=1^3+5^3+3^3$(用子函数实现)。

```
/* ex8-10 */
#include "stdio. h"
int main( )
{
    int num;
    /**********************/
         ①                          /* 函数原型的声明 */
    printf("The daffodil numbers are:\n");
    for(num = 100; num <= 999; num++)
        daffodil(num);
    printf("\n");
    return 0;
}

void daffodil(int m)
{
    int hundred, decade, unit;
    hundred = m / 100;
    decade = m % 100 /10;
    unit = m % 10;
    /**********************/
    if(      ②      )              /* 满足水仙花数的条件 */
        printf("%d ", m);
}
```

(2)下面程序的功能是,根据输入的整数 x 和 n,用函数 fact 实现求 x^n。例如,输入 2,3,输出(2,3)=8。

```
/* 利用函数 fact 实现求 x 的 n 次方 */
/* ex8-11 */
```

```
#include "stdio. h"
int main( )
{
    int fact(int x, int n);                          /* 声明 fact 函数 */
    int x;
    int n;
    printf("please input X and   N(>=0):");
    scanf("%d,%d", &x, &n);
    /***********************/
    printf("(%d,%d) = %d", x, n,_____①_____);    /* 调用 fact 函数 */
    return 0;
}

int fact(int x, int n)                               /* 定义 fact 函数求 x^n */
{
    int i, s;
    /***********************/
    _____②_____                                   /* 求累积变量的初始化 */
    if(n == 0)
        return 1;
    for(i = 1; i <= n; i++)                          /* 用循环实现 x^n */
        s = s * x;
    /***********************/
    _____③_____                                   /* 返回结果 x^n */
}
```

(3) 下面程序的功能是，输入一个十进制整数，输出其对应的二进制数。

编程提示：

① 在 main 函数中定义一个变量并为其赋值，然后调用函数 fun 将该十进制数转换为二进制数。

② 函数 fun 的形参即为被转换的整数，在 for 循环中每次求出 m%k 存放到数组 aa 中，同时将 m/k 的整数商赋给 m 继续判断，直至 m 的值为 0。最后按反序输出数组 aa 的元素。

```
/* ex8-12 */
/* 通过函数调用实现数制转换 */
#include "stdio. h"
void fun(int m)
{
    int aa[20], i, k = 2;
    for(i = 0; m; i++)
    {
        aa[i] = m % k;
    /***********************/
        _____①_____                              /* 取余数后，改变 m 的值为新的商 */
    }
    printf("\n");
    printf("The exchange result:\n");
    for( ; i; i--)
    /***********************/
        printf("%d   ", aa[__②__]);
}

int main( )
{
```

```
        int n;
        printf("\nPlease input a decimal integer: \n");
        scanf("%d", &n);
        /*************************/
               ③                                    /* 函数调用 */
        return 0;
    }
```

如果将十进制数转换为八进制数，应对程序的哪个语句进行修改？怎样修改？

（4）将字符串 1 的第 1,3,5,7,9,…位置的字符复制到字符串 2 并输出。例如，当字符串 1 为"This Is a c Program"时，则字符串 2 为"Ti sacPorm"。

编程提示：

fun 函数：

① 函数的类型为 void，函数中不使用 return 语句。

② 函数的形参应为两个字符型一维数组。

③ 函数体中使用循环结构，将字符串 1 中相应位置上的字符逐一复制到字符串 2 中，注意循环变量每次递增的数目。

main 函数：

① 定义一个一维字符型数组。

② 为字符数组赋一个字符串。

③ 调用转换函数，以两个数组名作为实参。

④ 输出转换后的字符数组的内容。

```
    /*  ex8-13  */
    /* 通过函数调用实现对字符串的处理 */
    # include "stdio. h"
    # include "string. h"
    void fun(char str1[ ], char str2[ ])
    {
        int i, j;
        j = 0;
        for(i = 0; i < strlen(str1); i += 2)
        {
            str2[j] = str1[i];
        /*************************/
                ①        ;
        }
        str2[j] = '\0';
    }

    int main( )
    {
        char str1[30], str2[30];
        gets(str1);
        /*************************/
        fun(      ②      );
        printf("Result is: %s\n", str2);
        return 0;
    }
```

（5）下面程序的功能是，求二维数组 a 中的上三角元素之和。例如，a 中的元素为

```
                    4    4    34    37
                    7    3    12     8
                    5    6     5    52
                   24   23     2    10
```

程序的输出应为 The sum is:147。

```
/* ex8-14 */
/* 通过函数调用求二维数组中的上三角元素之和 */
# include "stdio. h"
int arrsum( int arr[4][4])
{
    int i, j, sum;
    sum = 0;
    for(i = 0; i < 4; i++)                  /* 循环变量 i 是数组的行下标 */
    /************************/
    {
        for( ____①____ ; j < 4; j++)        /* 循环变量 j 是数组的列下标 */
            sum += arr[i][j];               /* 将上三角元素累加到和变量 sum */
    }
    return(sum);
}

int main( )
{
    int a[4][4] = {4,4,34,37,7,3,12,8,5,6,5,52,24,23,2,10}, i, j;
    /************************/
    printf("The sum is: %d\n", ____②____ );
    return 0;
}
```

（6）请编写函数 fun，将 M 行 N 列的二维数组中的字符数据按列的顺序依次放到一个字符串中。例如，二维数组中的数据为

```
                    A    B    C    D
                    A    B    C    D
                    A    B    C    D
```

则字符串中的内容应是 AAABBBCCCDDD。

```
/* ex8-15 */
# include "stdio. h"
# define M        3
# define N        4
void fun(char s[ ][N], char b[ ], int mm, int nn)
{
    int x, y, n=0;
    for(x = 0; x < nn; x++)
    {
        for(y = 0; y < mm; y++)
        {
        /************************/
            ____①____ ; n++;
        }
    }
}
```

```
int main( )
{
    char w[M][N] = {{'A','B','C','D'},{'A','B','C','D'},{'A','B','C','D'}};
    int i, j;
    char arr[M * N + 1];
    printf("The matrix:\n");
    for(i = 0; i < M; i++)
    {
        for(j = 0; j < N; j++)
            printf("%3c", w[i][j]);
        printf("\n");
    }
    fun(w, arr, M, N);
    printf("The A array:\n");
    /************************/
    for(i = 0;     ②     ; i++)
        printf("%3c", arr[i]);
    printf("\n\n");
    return 0;
}
```

4. 按要求编写程序,请在提示行/************************/之间填写代码,完善程序,并上机调试。

(1) 下面程序的功能是,读入一个整数 m,计算如下公式的值:

$$t = 1 + \frac{1}{2} + \frac{1}{3} + \cdots + \frac{1}{m}$$

例如,若输入 5,则应输出 The result is 2.28333。

```
/* 利用函数实现级数求和 */
/* ex8-16 */
#include "stdio. h"
float fun(int m)
{
    float t = 1.0;
    int i;
    /************************/
                                    /* 写一个循环语句; */
                                    /* 将每一项累加到变量 t 中; */
                                    /* 返回 t 的值; */
    /************************/
}
int main( )
{
    int m;
    printf("\nPlease input 1 integer number:");
    scanf("%d", &m);
    /************************/
                                    /* 函数调用作为 printf 函数的参数; */
    /************************/
    return 0;
}
```

(2) 定义函数 int fun(int a,int b,int c),若 a、b、c 能构成等边三角形函数则返回 3,若能构成等腰三角形函数则返回 2,若能构成一般三角形函数则返回 1,若不能构成三角形函数则返回 0。

```
/* ex8-17 */
# include "stdio. h"
int fun(int a, int b, int c)
{
    /**********************/
    if(…)                          /* 首先判断能否构成三角形 */
    {
        if(…)                      /* 判断能否构成等边三角形 */
            …;                     /* 返回 3 */
        else if(…)                 /* 判断能否构成等腰三角形 */
            …;                     /* 返回 2 */
        else
            …;                     /* 返回 1 */
    }
    else
        …;                         /* 不能构成三角形返回 0 */
    /**********************/
}
int main( )
{
    int a, b, c, shape;
    printf("\nPlease input a,b,c: ");
    scanf("%d%d%d", &a, &b, &c);
    printf("\na=%d, b=%d, c=%d\n", a, b, c);
    shape = fun(a, b, c);
    printf("\n\nThe shape :%d\n", shape);
    return 0;
}
```

(3) 编写函数 float fun(int n)，要求返回 n(包括 n)以内能被 5 或 9 整除的所有自然数的倒数之和。例如，n=20，返回 0.583333(要求 n 的值不大于 100)。

```
/* ex8-18 */
# include "stdio. h"
double fun(int n)
{
    /**********************/


    /**********************/
}

int main( )
{
    int n;
    double s;
    printf("\nInput n:");
    scanf("%d", &n);
    s = fun(n);
    printf("\n\ns=%f\n", s);
    return 0;
}
```

(4) 编写程序，实现 N 名裁判给某歌手打分(假定分数都为整数)。评分原则是去掉一个最高分，去掉一个最低分，剩下的分数取平均值为歌手的最终得分。裁判给分的范围是：60≤分数≤100，裁判人数 N=10。要求：每个裁判的分数由键盘输入。

编程提示：

① 定义两个函数分别求最高分和最低分。

② max()：返回两个数中较大的值。

③ min()：返回两个数中较小的值。

```c
/* 裁判打分 */
/* ex8-19 */
#include "stdio.h"
int max(int maxscore, int a)
{
    int ma = 0;
    ma = maxscore > a ? maxscore : a;
    return ma;
}

int min(int minscore, int a)
{
    int mi = 0;
    mi = minscore < a ? minscore : a;
    return mi;
}

int main( )
{
    int maxscore = 0, minscore = 100;
    int n=10, i = 0, sum = 0, a;          /* i是循环变量，a存放输入的分数 */
    float average = 0;
    /***********************/

                                          /* for循环10遍，输入10个裁判的打分 */
                                          /* 输入分数 */
                                          /* 调用最高分函数 */
                                          /* 调用最低分函数 */
                                          /* 将每个分数累加到和变量中 */

    /***********************/
    printf("sum=%d, n=%d\n", sum, n);
    printf("%d,%d\n", maxscore, minscore);
    average = (sum - maxscore - minscore) / (n - 2);
    printf("average=%.2f\n", average);
    return 0;
}
```

(5) 编写程序，判别一个整数数组中各元素的值，若大于 0 则输出该值，若小于或等于 0 则输出 0 值(数组长度大小、元素值自定)。

编程提示：

判断函数：

① 函数的类型为 void，函数中不使用 return 语句。

② 函数的形参为一个整型变量。

③ 函数体中使用选择结构，根据对变量值的判断输出相应结果。

main 函数：

① 定义一个一维整型数组。

② 为整型数组赋若干数值。

③ 调用判断函数对数组元素逐一进行判断，以数组元素作为实参。

```
/* ex8-20 */
#include "stdio.h"
void fun(int x)
{
    /***********************/



    /***********************/

}

int main( )
{
    /***********************/



    /***********************/
    return 0;

}
```

（6）求一维数组 a 中的最大元素及其下标。例如，一维数组 a 中的元素为 1，4，2，7，3，12，5，34，5，9。程序的输出应为 The max is：34，position is：7（求最大元素位置用函数实现，在 main 函数中调用该函数）。

编程提示：定义一个全局变量 max，用来存放最大元素。

求最大值函数：

① 函数的类型为整型。

② 函数的形参应为整型一维数组和一个整型变量（存放数组元素的个数）。

③ 函数体中，定义一个整型变量 pos，用来存放当前最大元素在数组中的下标，pos 初值为 0。将全局变量 max 的初值设置为数组中的第一个元素。

④ 函数体中使用循环结构，将数组元素依次和 max 中的值进行比较，并将较大元素的值存入 max 中，较大元素的下标存入 pos 中。

⑤ 循环结束后，max 中的值即是最大元素，pos 的值即是最大元素的下标，用 return 语句将 pos 的值返回到主函数。

main 函数：

① 定义一个一维整型数组并为该数组赋若干值。

② 以赋值语句的形式，将求最大元素位置函数的返回值赋给一个变量 mpos，以数组名和数组的长度作为实参。

③ 输出 max 和 mpos。

```
/* ex8-21 */
/* 通过函数调用求一维数组中的最大元素及其下标 */
#include "stdio.h"
int max;                              /* 思考：max 是什么类别的变量？ */
int fun(int arr[ ], int n)
{
    int pos, i;
    max = arr[0];
    pos = 0;
    for(i = 1; i < n; i++)
        if(max < arr[i])
        {
```

```
        /***********************/


        /***********************/
        }
        return pos;
}

int main( )
{
        int a[10] = {1, 4, 2, 7, 3, 12, 5, 34, 5, 9}, mpos;
        /***********************/


        /***********************/
        printf("The max is：%d , pos is：%d\n", max ,mpos);
        return 0;
}
```

2.8.5　实验注意事项

1.定义函数时，函数名后的圆括号后面不能加"；"。否则将割裂首部和函数体，破坏函数的整体性。

2.在函数体内，不能再对形参进行定义和说明。

3.形参只能是变量，不能是常量和表达式，实参可以是常量、变量、表达式。

4.变量作为实参时，只传递"变量的值"，而不会传递变量的地址，实参变量对形参变量的数据传递是单向"值传递"，形参变量的值不能"回传"给实参变量。

5.数组元素作为函数实参时，雷同于变量作为实参的用法。

6.在函数的嵌套调用中，注意理解清楚程序的执行流程，可使用分步追踪的方法查看程序的执行过程，加深对函数调用的理解。

7.数组作为函数参数时，实参只使用数组名，如 fun(a);。

下面函数调用的实参形式都是不正确的：

```
        fun(int a[4]);
        fun(int a[ ]);
```

正确的写法是

```
        fun(a);                /* 此处的 a 是数组名 */
```

8.数组名作为实参时，实参与形参之间是地址的传递，形参数组名接收了实参数组名传过来的地址，实参数组和形参数组共用一段内存单元。

2.9　实验9　函数(二)

2.9.1　实验学时：4 学时

2.9.2　实验目的

1.掌握递归调用的方法。

2. 熟练掌握数组元素作为函数参数的程序设计方法。

3. 熟练掌握数组名作为函数参数的程序设计方法。

4. 熟练掌握字符数组作为函数参数的程序设计方法。

5. 了解全局变量、局部变量的概念和使用方法。

2.9.3 预习内容

1. 函数实参与形参的对应关系及参数的传递。

2. 以数组元素和数组名作为函数参数时的使用方法。

3. 全局变量、局部变量的概念和使用方法。

2.9.4 实验内容

1. 阅读程序，分析结果，并上机验证。

(1) 程序的运行结果是_____。

```
/* ex9-1 */
#include "stdio.h"
long fib(int x)
{
    switch(x)
    {
    case 0: return 0;
    case 1:
    case 2: return 1;
    }
    return(fib(x - 1) + fib( x - 2));
}
int main( )
{
    long k;
    k = fib(3);
    printf("k=%d\n", k);
    return 0;
}
```

(2) 程序的运行结果是_____。

```
/* ex9-2 */
#include "stdio.h"
void inv (int x[ ], int n)
{
    int t, i;
    for (i = 0; i < n / 2; i++)
    {
        t = x[i];
        x[i] = x[n - 1 - i];
        x[n - 1 - i] = t;
    }
}

int main( )
{
    int i, a[5] = {3, 7, 9, 11, 0};
    inv(a, 5);
```

```
        for(i = 0; i<5; i++)
            printf("%d ", a[i]);
        printf("\n");
        return 0;
    }
```

（3）程序的运行结果是_____。

```
/* ex9-3 */
#include "string. h"
void f(char p[ ][10], int n)
{
    char t[20];
    int i, j;
    for(i = 0; i < n−1; i++)
    {
        for (j = i + 1; j < n; j++)
            if(strcmp(p[i], p[j]) < 0)
            {
                strcpy(t, p[i]);
                strcpy(p[i], p[j]);
                strcpy(p[j], t);
            }
    }
}

int main( )
{
    char p[][10] = {"abc", "aabdfg", "abbd", "dcdbe", "cd"};
    int i;
    f(p, 5);
    printf("%d\n", strlen(p[0]));
    return 0;
}
```

（4）程序的运行结果是_____。

```
/* ex9-4 */
#include "stdio. h"
int a = 100;
void s( )
{
    static int a = 20;
    a++;
    printf("%d\n", a);
}

int main( )
{
    int i;
    for(i = 1; i <= 3; i++)
    {
        a++;
        printf("%d", a);
        s( );
    }
    return 0;
}
```

注意：关键词 static 出现在局部变量前，表示此变量是静态局部变量，生存周期延长。全局变量和局部变量重名时，在局部变量的作用域内，全局变量被"屏蔽"。

2.阅读程序，分析程序中的错误，每处错误均在提示行/**********************/的下一行，请将错误改正，并上机验证。

(1) 统计字符串中各元音字母(A　E　I　O　U)的个数。注意字母不区分大小写。例如，输入 THIs is a book，则输出为 1、0、2、2、0。

```c
/* ex9-5 */
# include "stdio. h"
fun(char s[ ], int num[5])
{
    int k;
    for (k = 0; k < 5; k++)
/**********************/
        num[k] = 1;
    for (k = 0; s[k] != '\0'; k++)
    {
/**********************/
        switch (s)
        {
            case 'a':case 'A':{ num[0]++; break;}
            case 'e':case 'E':{ num[1]++; break;}
            case 'i':case 'I':{ num[2]++; break;}
            case 'o':case 'O':{ num[3]++; break;}
            case 'u':case 'U':{ num[4]++; break;}
        }
    }
}

int main( )
{
    char s[30];
    int i, number[5];
    gets(s);
    fun(s, number);
    for(i = 0; i < 5; i++)
        printf("%d ", number[i]);
    return 0;
}
```

(2) 从 s 所指字符串中删除所有小写字母。

```c
/* ex9-6 */
# include "stdio. h"
void delfun(char s[ ])
{
    int i, j;
    for(i = j = 0; s[i] != '\0'; i++)
    {
        if(s[i] >= 'a' && s[i] <= 'z')
            ;
        else
        {
/**********************/
```

```
                    s[i] = s[j];
                    j++;
                }
            }
/************************/
            s[j] = \0;
        }


    int main( )
    {
        char str1[50];
        gets(str1);
        delfun(str1);
        puts(str1);
        return 0;
    }
```

（3）在指定的字符串中找出 ASCII 码值最大的字符，将其放在第一个位置上，并将其他字符向后顺序移动。例如，ABCDeFGH，调用后为 eABCDFGH。

```
/* ex9-7 */
# include "stdio. h"
fun(char p[ ])
{
    char max;
    int i = 0, j, q;
    max = p[i];
    while(p[i] != '\0')
    {
        if(max < p[i])
        {
            max = p[i];
/************************/
            q = 1;
        }
        i++;
    }
/************************/
    i = j;
    while(i >= 0)
    {
        if(i != q)
        {
            p[j] = p[i];
            i--;
            j--;
        }
        else
            i--;
    }
/************************/
    p[1] = max;
}


    int main( )
    {
```

```
        char str[50];
        gets(str);
        fun(str);
        puts(str);
        return 0;
    }
```

（4）用 fun 函数将 $N \times N$ 矩阵中元素的值按列右移一个位置，右边被移出矩阵的元素绕回

左边。例如 $N=3$，有矩阵 $\begin{bmatrix} 1 & 2 & 3 \\ 4 & 5 & 6 \\ 7 & 8 & 9 \end{bmatrix}$，计算结果为 $\begin{bmatrix} 3 & 1 & 2 \\ 6 & 4 & 5 \\ 9 & 7 & 8 \end{bmatrix}$。

```
/* ex9-8 */
#include "stdio. h"
#define N 3
void fun(int t[ ][N])
{
    int i, j, x;
    for(i = 0; i < N; i++)
    {
    /***********************/
        x = t[i][N];
        for(j = N-1; j >= 1; j--)
            t[i][j] = t[i][j-1];
        t[i][0] = x;
    }
}

int main( )
{
    int arr[N][N];
    int i, j;
    for(i = 0;i < N;i++)
    {
        for(j = 0;j < N;j++)
        {
            scanf("%d", &arr[i][j]);
        }
    }
    /***********************/
    fun(arr[N][N]);                    /*  注意形参为数组时，实参只能是数组名  */
    for(i = 0; i < N; i++)
    {
        for(j = 0; j < N; j++)
        {
            printf("%4d", arr[i][j]);
        }
        printf("\n");
    }
    return 0;
}
```

3.阅读程序，在程序中提示行/***********************/的下一行填写正确内容，将程序补

充完整，并上机验证。

（1）编写程序，求 $s=1!+2!+3!+\cdots+10!$。要求定义递归函数 $fact(n)$ 求 $n!$，程序的输

出形式为 1!+2!+3!+4!+5!+6!+7!+8!+9!+10!＝s，其中 s 为求和值。

编程提示：求 n!的递归公式为 $\mathrm{fact}(n)=\begin{cases}1 & (n=0,n=1)\\ n\times \mathrm{fact}(n-1) & (n>1)\end{cases}$。

注意，s 和 fas(n)均为长整型。

```
/* ex9-9 */
#include "stdio. h"
int main( )
{
    long int fas(int);
    int i, m;
    long int s = 0;
    for(i = 1; i <= 10; i++)
    {
    /**************************/
        ____①____              /* 调用求阶乘的函数求得 i 的阶乘赋给 m */
    /**************************/
        ____②____              /* 将 i 的阶乘累加到 s */
        printf("%d! +", i);
    }
    printf("\b= %d\n", s);
    return 0;
}

long int fas(int x)
{
    /**************************/
    if( ___③___ )              /* 当 x 等于 0 或者 1 时，递归结束 */
        return 1;
    else
    /**************************/
    return( ___④___ );         /* 当 x 大于 1 时，递归调用函数，注意参数的写法 */
}
```

（2）已知数组 a 中包括 10 个整数元素，从 a 中第 2 个元素起，分别将后项减前项之差存入数组 b，并按每行 3 个元素输出数组 b。

```
/* ex9-10 */
#include "stdio. h"
void fun(int a[ ], int b[])
{
    int i;
    for(i = 1; i < 10; i++)
    /**************************/
        b[i-1] = ___①___ ;
    for(i = 0;i < 9;i++)
    {
        printf("%3d", b[i]);
        if((i + 1) % 3 == 0)
            printf("\n");
    }
}

int main( )
{
```

```
        int a[10] = {1, 2, 3, 4, 5, 6, 7, 8, 9, 10};
        /*************************/
        int    ②    ;
        fun(a, b);
        return 0;
    }
```

(3) 已知数组 a 已按从小到大排序，编写程序，从键盘输入一个数 x，按原来排序的规律将它插入数组 a。

```
/* ex9-11 */
/* 在有序数组中插入一个数 */
# include "stdio.h"
# define M 20
void InSort(int n, int pp[ ], int k)
{
    int i = 0 , j;
    for(j = n - 1;j >= 0;j--)
    {
        if(pp[j] < k)
        {
            break;
        }
        else
        {
            pp[j + 1] = pp[j];
        }
    }
    /*************************/
        pp[j + 1] =    ①    ;
}

int main( )
{
    int aa[M], i, k, m;
    printf("\nPlease enter a number for the length of array:\n");
    scanf("%d", &m);
    printf("\nPlease enter %d ordered numbers:\n", m);
    for(i = 0; i < m; i++)
        scanf("%d", &aa[i]);
    printf("\nPlease enter insert number:\n");
    scanf("%d", &k);
    /*************************/
    InSort(    ②    );
    for(k = 0; k <= m; k++)
        printf("%d ", aa[k]);
    return 0;
}
```

(4) 将一个整数中的每一位奇数数字取出，构成一个新数放在 t 中。高位仍在高位，低位仍在低位。例如，当 s 中的数为 87653142 时，t 中的数为 7531。

```
/* ex9-12 */
# include "stdio.h"
int fun(long s, long t)
{
```

```
        int d;
        long s1 = 1;
        /************************/
              ①                        /* 对存放新数的变量进行初始化 */
        while (s > 0)
        {
        /************************/
              ②                        /* 分离出整数的最低位 */
            if(d % 2 != 0)
            {
                t = d * s1 + t;
        /************************/
                s1 =    ③    ;         /* 改变对应位上的权值 */
            }
            s /= 10;
        }
        return t;
    }


    int main( )
    {
        long s, t;
        printf("\nPlease input s:");
        scanf("%ld", &s);
        t = fun(s, t);
        printf("The result is:%ld\n", t);
        return 0;
    }
```

(5) 下面程序的功能是，输出 100～999 之间所有能被 7 整除且左右对称的数，如 707 就是满足条件的数，请填空。

```
    /* ex9-13 */
    #include "stdio.h"
    int main( )
    {
        void find(int m);              /* 对被调函数原型的声明 */
        int k;
        for(k = 100; k <= 999; k++)
            find(k);
    }
    void find(int m)
    {
        int a, b;
        /************************/
        if(    ①    )
        {
        /************************/
            a=    ②    ;
        /************************/
            b=    ③    ;
            if(a == b)
                printf("%d\n", m);
        }
    }
```

(6) 编写程序，实现 $B = A + A'$，即把矩阵 A 加上 A 的转置，存放在矩阵 B 中，计算结果在 main 函数中输出。例如，输入矩阵 $\begin{bmatrix} 1 & 2 & 3 \\ 4 & 5 & 6 \\ 7 & 8 & 9 \end{bmatrix}$，其转置矩阵为 $\begin{bmatrix} 1 & 4 & 7 \\ 2 & 5 & 8 \\ 3 & 6 & 9 \end{bmatrix}$，程序输出为

$\begin{bmatrix} 2 & 6 & 10 \\ 6 & 10 & 14 \\ 10 & 14 & 18 \end{bmatrix}$。

```
/* ex9-14 */
# include "stdio. h"
void fun(int a[3][3], int b[3][3])
{
    int i, j;
    for(i = 0; i < 3; i++)
    {
        for (j = 0; j < 3; j++)
/************************/
            b[i][j] =   ①   ;
    }
}


int main( )
{
    int a[3][3] = {{1, 2, 3}, {4, 5, 6}, {7, 8, 9}}, t[3][3];
    int i, j;
/************************/
        ②
    for(i = 0; i < 3; i++)
    {
        for(j = 0; j < 3; j++)
            printf("%7d", t[i][j]);
        printf("\n");
    }
    return 0;
}
```

4. 按要求编写程序，请在提示行/************************/之间填写代码，完善程序，并上机调试。

(1) 程序中 fun 函数的功能是，使数组各元素没有重复值。数组中的数已按由小到大的顺序排列，函数返回删除后数组中数据的个数。请编写 main 函数，使程序能运行出正确结果。

例如，一维数组中的数据是 2 2 2 3 4 4 5 6 6 6 6 7 7 8 9 9 10 10 10。删除后，数组中的内容应该是 2 3 4 5 6 7 8 9 10。

```
/* ex9-15 */
# include "stdio. h"
fun(int a[ ], int n)
{
    int i, j = 1, k = a[0];
    for(i = 1; i < n; i++)
    {
        if(k != a[i])
        {
```

```
                    a[j++] = a[i];
                    k = a[i];
                }
            }
            a[j] = 0;
            return j;
    }

    int main( )
    {
        /************************/



        /************************/
        return 0;
    }
```

(2) 定义函数 char fun(char s)，判断一个字符串 s 是否是回文，当字符串是回文时，函数返回字符串 Yes!，否则函数返回字符串 No!。所谓回文，即正向与反向的拼写都一样，例如 adgda。

```
/* ex9-16 */
# include "stdio. h"
# define N 80
int fun(char str[ ])
{
    /************************/



    /************************/
    return b;
}

int main( )
{
    char s[N];
    printf("Enter a string: ");
    gets(s);
    printf("\n\n");
    puts(s);
    if(fun(s))
        printf("    YES\n");
    else
        printf("    NO\n");
    return 0;
}
```

(3) 编写程序，删除字符串 s 中从下标 k 开始的 n 个字符(n 和 k 从键盘输入)。

例如，字符串内容为 Hellollo World!，k 中的值为 5，n 中的值为 3，结果为 Hello World!。

```
/* ex9-17 */
# include "stdio. h"
# define N 80
void fun(char a[ ], int k, int n)
```

```
    {
        /**********************/



        /**********************/
    }

    int main( )
    {
        char s[N] = "Hellollo World!";
        int k, n;
        printf("\nThe original string:%s\n", s);
        printf("Enter index ——————— k："), scanf("%d", &k);
        printf("Enter number to delete —— n："); scanf("%d", &n);
        fun(s, k, n);
        printf("\nThe string after deleted： %s\n", s);
        return 0;
    }
```

(4) 求 $N \times N$ 二维数组 a 周边元素(矩阵的第一行、最后一行、第一列、最后一列的元素)的平均值。例如，若 a 中的元素为

$$
\begin{array}{ccccc}
0 & 1 & 2 & 7 & 9 \\
1 & 9 & 7 & 4 & 5 \\
2 & 3 & 8 & 3 & 1 \\
4 & 5 & 6 & 8 & 2 \\
5 & 9 & 1 & 4 & 1
\end{array}
$$

则返回主程序后 s 的值应为 3.375。

```
    /* ex9-18 */
    #include "stdio.h"
    #define N 5
    float fun (int a[ ][N])
    {
        /**********************/



        /**********************/
    }

    int main( )
    {
        int aa[N][N] = {{0, 1, 2, 7, 9},{1, 9, 7, 4, 5},{2, 3, 8, 3, 1},
                        {4, 5, 6, 8, 2}, {5, 9, 1, 4, 1}};
        int i, j;
        float y;
        printf ("The original data is : \n" );
        for(i = 0; i < N; i++)
        {
            for (j = 0; j < N; j++)
                printf("%6d", aa[i][j]);
            printf ("\n");
        }
        y = fun(aa);
```

```
printf("\nThe average：%f\n"，y)；
printf("\n")；
return 0；
}
```

2.9.5　实验注意事项

1. 函数的递归调用是函数嵌套的一种特例，递归调用中，注意理解清楚程序的执行流程，可使用分步追踪的方法查看程序的执行过程，加深对递归调用的理解。

2. 数组作为函数参数时，形参也必须定义为数组，调用时，实参只使用数组名。

下面函数调用的实参形式都是不正确的：

```
fun(int a[4])；
fun(int a[.])；
```

正确写法是

```
fun(a)；                /*  此处的 a 是数组名  */
```

3. 数组名作为实参时，传递数组的首地址，参数的传递是地址传递，实参数组的首地址传给形参数组，形参数组名也指向实参数组，形参数组名类似于实参数组的别名，实质上它们对应的是同一段内存单元。

4. 注意全局变量、局部变量、静态局部变量重名时，在不同空间内的不同取值。

2.10　实验 10　编译预处理

2.10.1　实验学时：2 学时

2.10.2　实验目的

1. 掌握编译预处理的概念。
2. 掌握宏定义和文件包含的概念与使用。

2.10.3　预习内容

1. 不带参数的宏定义的方法和带参数的宏定义的方法。
2. 文件包含命令的使用。

2.10.4　实验内容

1. 阅读程序，分析结果，并上机验证。
(1) 程序的运行结果是＿＿＿＿＿。

```
/*  ex10-1  */
# include "stdio. h"
# define PI 3.1415926
int main( )
{
    double l，s，r，v；
```

```
        printf("Please input the radius:");
        scanf("%lf", &r);
        l = 2.0 * PI * r;
        s = PI * r * r;
        v = 4.0 / 3 * PI * r * r * r;
        printf("l=%.4f\ns=%.4f\nv=%.4f\n", l, s, v);
        return 0;
    }
```

注意程序中不带参数的宏定义的使用。

（2）程序的运行结果是_____。

```
/* ex10-2 */
#include "stdio.h"
#define R 3.0
#define PI 3.1415926
#define L 2 * PI * R
#define S PI * R * R
int main( )
{
    printf("L=%f\nS=%f\n", L, S);
    return 0;
}
```

注意在宏定义中引用已定义的宏名的方法。

（3）程序的运行结果是_____。

```
/* ex10-3 */
#include "stdio.h"
#define SQR(X) X * X
int main( )
{
    int a = 10, k = 2, m = 1;
    a /= SQR(k + m) / SQR(k + m);
    printf("%d\n", a);
    return 0;
}
```

注意带参数的宏定义的使用。请思考:语句"a /= SQR(k + m) / SQR(k + m);"进行宏展开后的等价语句是什么?

（4）程序的运行结果是_____。

创建头文件 power. h，内容如下:

```
#define sqr(x)        ((x) * (x))
#define cube(x)       ((x) * (x) * (x))
#define quad(x)       ((x) * (x) * (x) * (x))
```

创建文件 ex10-4. c，内容如下:

```
/* ex10-4 */
#include "stdio.h"
#include "power.h"
#define MAX_POWER 10
int main( )
{
    int n;
    printf ("number\t exp2\t exp3\t exp4\n");
```

```
        printf ("————\t———\t—————\t——————\n");
        for (n = 1; n <= MAX_POWER; n++)
            printf ("%2d\t %3d\t %4d\t %5d\n", n, sqr(n), cube(n), quad(n));
        return 0;
    }
```

在进行编译时，并不是分别对两个文件进行编译，而是用被包含文件的内容取代预处理命令，再将"包含"后的文件作为一个源文件进行编译。

2. 阅读程序，分析程序中的错误，每处错误均在提示行/***************************/的下一行，请将错误改正，并上机验证。

（1）从键盘输入两个整数放入变量 a 和 b，利用宏定义交换两个变量的值。

```
/* ex10-5 */
# include "stdio. h"
# define SWAP(x,y) temp = x; x = y; y = temp
int main( )
{
    /************************/
    int a, b;
    printf("input a=");
    scanf("%d", &a);
    printf("input b=");
    scanf("%d", &b);
    /************************/
    swap(a, b);                          /* 使用带参数的宏 */
    printf ("The result is: a=%d, b=%d\n", a, b);
    return 0;
}
```

3. 阅读程序，在程序中提示行/***************************/的下一行填写正确语句，将程序补充完整，并上机验证。

（1）输入一行字符，使其中的小写字母全部转换为大写字母。

```
/* ex10-6 */
# include "stdio. h"
# include "string. h"
# define UP c = c − 32
int main( )
{
    char str[20], c;
    int i = 0;
    printf("Please input a string: ");
    gets(str);
    printf("The result is: ");
    while((c = str[i]) != '\0')
    {
        if(c >= 'a' && c <= 'z')
    /************************/
            ①      ;                    /* 使用宏定义填空 */

        printf("%c", c);
        i++;
    }
    printf("\n");
    return 0;
}
```

2.10.5　实验注意事项

1. C 语言提供的预处理命令以"♯"开头，命令结尾处不加分号。

2. 宏定义通常写在文件的开头，其有效范围从定义处到源文件结束。

3. 程序中双引号引起来的内容，即使与宏名相同，也不进行替换。

4. 在带参数的宏定义中，宏名与带参数的括号之间不应加空格；否则将空格以后的字符都作为替代内容。例如，有命令

　　　　♯define S (r) PI * r * r

则认为 S 是不带参数的宏名，代替字符串"(r) PI * r * r"。

5. 文件包含的一般形式：

　　　　♯include <文件名>　　或　　♯include "文件名"

两种形式都是合法的。二者的区别是搜索文件的路径不同：对于前者，系统到存放 C 库函数头文件的目录中寻找要包含的文件，这称为标准方式；对于后者，系统先在用户当前目录中寻找要包含的文件，若找不到，再按标准方式查找。

第3章 上机实验指导(进阶篇)

3.1 实验 11 指针(一)

3.1.1 实验学时:2 学时

3.1.2 实验目的

1.掌握指针的基本概念,学习指针变量的定义和使用方法。

2.掌握指针作为函数参数的使用方法。

3.掌握指针在数组中的应用,正确使用数组的指针和指向数组的指针变量;区别指向数组的指针和指针数组。

3.1.3 预习内容

1.指针的概念,指针变量的定义、赋值和引用。

2.与指针相关的 2 个运算符:取地址运算符($\&$)和指针运算符($*$)。

3.数组元素的指针,通过指针访问数组元素的各种方法及指针数组。

3.1.4 实验内容

1.阅读程序,分析结果,并上机验证。

(1) 程序的运行结果是_____。

```
/* ex11-1 */
# include "stdio. h"
int main( )
{
    int a, b;
    int * pa, * pb;
    pa = &a;
    pb = &b;
    * pa = 5;
    * pb = * pa + 2;
    printf("a=%d, b=%d \n", a, b);
    printf(" * pa=%d, * pb=%d \n", * pa, * pb);
    return 0;
}
```

使用指针的方法:定义指针变量(int * pa, * pb;),为指针变量赋值(pa = &a;),引用指针变量指向的变量(* pa = 5;)。

（2）程序的运行结果是_____。

```
/*  ex11-2  */
# include "stdio. h"
int main( )
{
    int a, b, temp;
    int * pa = &a, * pb = &b;
    printf("Please input two integers : ");
    scanf("%d%d", pa, pb);
    temp = * pa;
    * pa = * pb;
    * pb = temp;
    printf("a=%d, b=%d \n", a, b);
    printf(" * pa=%d, * pb=%d \n", * pa, * pb);
    return 0;
}
```

请思考：程序是否实现了 2 个数据的交换？

（3）程序的运行结果是_____。

```
/*  ex11-3  */
# include "stdio. h"
int main( )
{
    int i, a[10];
    int * p;
    printf("Please input 10 integers:\n");
    for(p = a; p < a + 10; p++)
        scanf("%d", p);
    for(p = a, i = 0; i < 10; i++, p++)
    {
        printf("a[%d]=%d \n", i, * p);
    }
    return 0;
}
```

注意程序中指针变量 p 的变化规律。

（4）程序的运行结果是_____。

```
/*  ex11-4  */
# include "stdio. h"
int main( )
{
    int i, j, a[3][4];
    int * p[3] = {a[0], a[1], a[2]};        /* p 为指针数组  */
    printf("Please input 12 integers:\n");
    for(i = 0; i < 3; i++)
    {
        for(j = 0; j < 4; j++)
            scanf("%d", p[i] + j);
    }
    for(i = 0; i < 3; i++)
    {
        for(j = 0; j < 4; j++)
```

```
                {
                    printf("%3d ", *(p[i] + j)); /* 用指针引用二维数组的元素 */
                }
                printf("\n");
            }
            return 0;
        }
```

观察指针数组的使用及二维数组中指针的使用。

（5）程序的运行结果是_____。

```
/* ex11-5 */
# include "stdio. h"
int max(int * x, int n)
{
    int i, m = * x;
    for(i = 0; i < n; i++)
    {
        if( *(x + i) > m)      /* 使用指针引用数组元素 */
            m = *(x + i);
    }
    return m;
}


int main( )
{
    int i, m, a[10], * p;
    p = a;
    printf("Please input 10 integers:\n");
    for(i = 0; i < 10; i++)
        scanf("%d", p++);
    p = a;
    m = max(p, 10);            /* 指针变量作实参 */
    printf("max=%d\n", m);
    return 0;
}
```

程序中指针变量 p 作为实参传递的是数组 a 的首地址；第 2 个 p=a 语句使 p 的值重新等于数组的首地址。

2. 阅读程序，分析程序中的错误，每处错误均在提示行/************************/的下一行，请将错误改正，并上机验证。

（1）从键盘输入一个字符串，将字符串中的数字输出。

```
/* ex11-6 */
# include "stdio. h"
# include "string. h"
int main( )
{
    char a[80], b[80], * p1, * p2;
    int i, n = 0;
    printf("Please enter the string:\n");
    gets(a);
    p1 = a;
    p2 = b;
```

```
        while( * p1 != '\0')
        {
                /* 如果字符是数字，则复制到 p2 所指的数组 b 中 */
                if( * p1 >= '0' && * p1 <= '9')
                {
/*************************/
                        p2 = p1;
                        p2++;
                }
                p1++;
        }
/*************************/
        * p2 = '\n';
        puts(b);
        return 0;
}
```

(2) 将一个 3×3 矩阵转置。

```
/* ex11-7 */
# include "stdio. h"
void move(int * q)                    /* 矩阵转置 */
{
        int i, j, t;
        for(i = 0; i < 3; i++)
        {
/*************************/
                for(j = 0; j < 3; j++)
                {
                        t = * (q + 3 * i + j);
                        * (q + 3 * i + j) = * (q + 3 * j + i);
                        * (q + 3 * j + i) = t;
                }
        }
}


int main( )
{
        int a[3][3] = {1, 2, 3, 4, 5, 6, 7, 8, 9};
        int * p, i;
        for(i = 0; i < 3; i++)              /* 输出原矩阵 */
                printf("%3d%3d%3d\n", a[i][0], a[i][1], a[i][2]);
        p = a;
/*************************/
        move( * p);
        printf("after transpose:\n");
        for(i = 0; i < 3; i++)              /* 输出转置后的矩阵 */
                printf("%3d%3d%3d\n", a[i][0], a[i][1], a[i][2]);
        return 0;
}
```

(3) 完成字符串复制，并输出。

```
/* ex11-8 */
# include "stdio. h"
```

```c
int main( )
{
    char a[20] = "I am a student.", b[20];
    int i;
    for(i = 0; *(a + i) !='\0'; i++)        /* 逐个字符复制 */
    {
    /***************************/
        *b = *a;
    }
    *(b + i) = '\0';
    printf("string a is：%s\n", a);
    printf("string b is：");
    /***************************/
    for(i = 0; *(b + i) < 20; i++)          /* 逐个字符输出 */
        printf("%c", *(b + i));
    printf("\n");
    return 0;
}
```

（4）统计 3 名学生 4 门课程的成绩，输出平均成绩大于 90 分的学生的各门课程的成绩。

```c
/* ex11-9 */
# include "stdio.h"
float average(float *q, int n)
{
    float sum = 0, aver, *t;          /* 注意变量 t 的作用 */
    /***************************/
    for(t = q; q < q + n; q++)
    {
        sum = sum + *q;
    }
    aver = sum / n;
    return aver;
}


int main( )
{
    float a[3][4] = {{65,67,70,80}, {80,87,90,81}, {90,99,95,96}};
    int i, j;
    float (*p)[4], aver;              /* p 为指向含有 4 个元素的一维数组的指针 */
    p = a;
    for(i = 0; i < 3; i++)
    {
    /***************************/
        aver = average(*p, 4);
        if(aver > 90)
        {
            for(j = 0; j < 4; j++)
                printf("%7.2f", *(*(p + i) + j));
        }
    }
    printf("\n");
    return 0;
}
```

3.阅读程序，在程序中提示行 /*************************/ 的下一行填写正确语句，将程序补充完整，并上机验证。

（1）输入两个整数 a 和 b，按从大到小的顺序输出 a 和 b。

```
/*  ex11-10  */
# include "stdio. h"
void swap(int * q1, int * q2)                   /* 使用指针交换两个变量的值 */
{
     int t;
     t = * q1;
     /***********************/
            ①         ;
     * q2 = t;
}


int main( )
{
     int a, b, * p1, * p2;
     printf("Please input two integers: ");
     scanf("%d%d", &a, &b);
     p1 = &a;
     p2 = &b;
     if(a < b)
     /***********************/
          swap(        ②        );             /* 调用函数，完成交换 */
     printf("a=%d, b=%d\n", a, b);
     return 0;
}
```

（2）从键盘输入 10 个数，将这 10 个数由小到大排序并输出。

```
/*  ex11-11  */
# include "stdio. h"
int main( )
{
     int i, j;
     float a[10], temp;
     float * p;
     printf("Please input 10 numbers:\n");
     for(p = a; p < a + 10; p++)
          scanf("%f", p);
     /***********************/
     p =        ①        ;
     for(i = 0; i < 9; i++)                      /* 选择法排序 */
     {
     /***********************/
          for(j =        ②        ; j < 10; j++)
          {
               if( * (p + i) > * (p + j))
               {
                    temp = * (p + i);
                    * (p + i) = * (p + j);
                    * (p + j) = temp;
               }
```

```
            }
        }
        for(p = a; p < a + 10; p++)
            printf("a[%d] = %.2f\n", p - a, * p);
        return 0;
    }
```

(3) 从键盘输入 10 个数，将这 10 个数中最小的数与第 1 个数互换。

```
/* ex11-12 */
#include "stdio.h"
void exchange(int * q, int n)        /* 找出最小值，与第 1 个数交换 */
{
    int * min, * t, temp;
    min = q;
    for(t = q + 1; t < q + n; t++)
    {
    /***********************/
        if (     ①     )
            min = t;
    }
    temp = q[0];                /* q[0]即数组的第 1 个元素 */
    q[0] = * min;
    * min = temp;
}

int main( )
{
    int a[10], * p;
    printf("Please input 10 integers:\n");
    for(p = a; p < a + 10; p++)
        scanf("%d", p);
    p = a;
    /***********************/
    exchange(     ②     );    /* 函数调用 */
    printf("The result is:\n");
    for(p = a; p < a + 10; p++)
    {
        printf("%d  ", * p);
    }
    printf("\n");
    return 0;
}
```

(4) 从键盘输入二维数组中的元素，输出二维数组任一列元素的和。

```
/* ex11-13 */
#include "stdio.h"
int main( )
{
    int a[3][4], ( * p)[4], i, j, n, sum = 0;    /* p 为指向一维数组的指针 */
    /***********************/
        ①     ;
```

```
        printf("Please input 12 integers:\n");
        for(i = 0; i < 3; i++)
        {
            for(j = 0; j < 4; j++)
            {
                scanf("%d", *(p + i) + j);      /* 使用 p 引用二维数组的元素 */
            }
        }
        printf("array is:\n");
        p = a;
        for(i = 0; i < 3; i++)                  /* 输出矩阵 */
        {
            for(j = 0; j < 4; j++)
            {
/************************/
                printf("%5d",  _____②_____ );
            }
            printf("\n");
        }
        printf("Please input the column number: ");
        scanf("%d", &n);
        for(i = 0; i < 3; i++)
        {
/************************/
            sum = sum + _____③_____ ;        /* 使用指针变量填空 */
        }
        printf("sum = %d \n", sum);
        return 0;
    }
```

4.按要求编写程序,请在提示行/************************/之间填写代码,完善程序,并上机调试。

(1) 使用指针编程实现:从键盘上输入一行字符,统计其中大写字母、小写字母、数字、空格和其他字符的个数。

编程提示:

① 定义一个字符数组存放从键盘输入的字符串。

② 定义一个字符指针,指向字符串的第 1 个字符。

③ 定义 5 个整型变量作为计数器。

④ 使用循环对字符串中的字符逐个进行判断,相应的计数器加 1,直至遇到字符串结束符'\0'。

```
/* ex11-14 */
#include "stdio.h"
#include "string.h"
int main( )
{
    char c[80], *p;
    int up = 0, low = 0, digit = 0, space = 0, other = 0;
    printf("Please input a string:\n");
    gets(c);
    p = c;
```

```
        /*  参考下面注释块的内容,填写程序代码  */
        /*
            while( * p != '\0')
            {
                if(字符是大写字母)
                …
                else if(字符是小写字母)
                …
                else
                …
                p++;
            }
        */
        /*************************/


        /*************************/
        printf("字符串中有大写字母%d个,小写字母%d个,", up, low);
        printf("数字%d个,空格%d个,其他字符%d个\n", digit, space, other);
        return 0;
    }
```

(2) 使用指针编程实现:将有序一维数组中的 n 个数逆序存放。

编程提示:

① 定义 rev 函数,将第 1 个元素与最后 1 个元素互换,第 2 个元素与倒数第 2 个元素互换,以此类推,直至第 $n/2$ 个元素完成互换。

② 在主函数中定义一个数组,顺序输入 n 个数,调用函数 rev 实现交换。

函数实参与形参的对应关系可以是以下 4 种情况:

a. 实参和形参都使用数组名。

b. 实参用数组名,形参用指针变量。

c. 实参和形参都使用指针变量。

d. 实参用指针变量,形参用数组名。

用第 2 种对应关系编程,实现题目要求。

```
        /*  ex11-15  */
        # include "stdio. h"
        void rev(int * q, int n)
        {
            int * i, * j, * t, temp;
            /*  参考下面注释块的内容,填写程序代码  */
            /*
                …
                将 i 指向第 1 个元素;
                将 j 指向最后 1 个元素;
                将 t 指向第 n/2 个元素;
                for( ; i < t ; i++, j--)
                {
                    * i 与 * j 交换
                }
            */
```

```
        /***********************/



        /***********************/
    }

    int main( )
    {
        int a[10], i;
        /* 参考下面注释块的内容,填写程序代码 */
        /*
            输入 10 个数放入数组 a;
            调用函数 rev;
            输出逆序存放后的数组 a 中的元素;
        */
        /***********************/



        /***********************/
        return 0;
    }
```

(3) 某公司有 3 个销售点,已知去年每个销售点每季度的销售额,要求用户在输入某个销售点的序号后,能输出该销售点每季度的销售额及其全年总销售额,使用指向数组的指针编程实现。

编程提示:

① 定义函数 search,实现输出销售点每季度的销售额及其全年总销售额,使用指向数组的指针作为 search 函数的形参,在主函数中用数组名作为实参。

② 在主函数中定义一个二维数组,存放 3 个销售点各季度的销售额,输入销售点序号后,调用 search 函数完成相应的输出。

```
    /* ex11-16 */
    # include "stdio. h"
    void search(int( * q)[4], int m)
    {
        /* 参考下面注释块的内容,填写程序代码 */
        /*
            定义变量;
            for(i = 0; i < 4; i++)
            {
                输出第 m 个销售点各季度销售额;
                计算第 m 个销售点全年总销售额;
            }
            输出第 m 个销售点全年总销售额;
        */
        /***********************/



        /***********************/
    }

    int main( )
    {
        /* 参考下面注释块的内容,填写程序代码 */
```

```
    /*
        定义二维数组，存放 12 个销售额；
        提示用户输入销售点序号；
        调用 search；
    */
    /**************************/



    /**************************/
    return 0;
}
```

(4) 编写一个函数 fun(int * a, int n, int * odd, int * even)，分别求出数组中所有奇数之和及所有偶数之和。形参 n 给出数组 a 中数据的个数，利用指针 odd 返回奇数之和，利用指针 even 返回偶数之和。

例如，数组中的值依次为 1，9，2，5，11，6，利用指针 odd 返回奇数之和 24，利用指针 even 返回偶数之和 8。

```
/* ex11-17 */
#include "stdio. h"
#define N 20
void fun(int * a, int n, int * odd, int * even)
{
    /**************************/



    /**************************/
}


int main( )
{
    int a[N] = {1, 9, 2, 5, 11, 6}, i;
    int n = 6, odd = 0, even = 0;
    printf("The original data is ：\n");
    for(i = 0; i < n; i++)                    /* 输出数组中的元素 */
        printf("%5d", * (a + i));
    printf("\n\n");
    fun(a, n, &odd, &even);
    printf("The sum of odd numbers： %d\n", odd);
    printf("The sum of even numbers： %d\n", even);
    return 0;
}
```

3.1.5 实验注意事项

1. 取地址运算符"&"和指针运算符"*"的区别：&a 代表变量 a 的地址；*p 代表指针变量 p 指向的存储单元的内容。

2. 引用一维数组元素的形式有 a[i]，*(a+i)，*(p+i)。其中 a 是数组名，p 是指向数组元素的指针变量，其初值是数组首元素地址。

3. 对于指向一维数组元素的指针变量 p 和数组名 a，p++代表 p 指向数组的下一个元素，而 a++是不能实现的，因为数组名 a 是一个指针型常量，它代表数组的首元素地址。

4.实参数组名是指针常量,代表固定的地址;形参数组名不是固定的地址,按指针变量处理,在函数执行期间,可以再被赋值。指针变量作为函数参数时,传递的是地址。

5.对于二维数组 a[3][4],二维数组名 a 是指向行的,代表的是序号为 0 的行的首地址,a+1代表序号为 1 的行的首地址。对于二维数组 a,注意区别以下形式的含义:

a[0]或 *(a+0)或 *a	0 行 0 列元素地址
a+1 或 &a[1]	1 行首地址
a[1]或 *(a+1)	a[1][0]的地址
a[1]+2 或 *(a+1)+2	a[1][2]的地址

定义指向一维数组的指针,例如 int (*p)[4];令 p 指向二维数组 a 的 0 行,即 p=a;则 *(p+1)+2 依然代表 a[1][2]的地址。

6.指向数组的指针作为函数形参时,实参应是行的首地址。

3.2 实验 12 指针(二)

3.2.1 实验学时:2 学时

3.2.2 实验目的

1.掌握指针数组,正确使用指向指针的指针。

2.学习利用指针处理字符串,正确使用字符串的指针和指向字符串的指针变量。

3.正确使用指向函数的指针变量,掌握指向函数的指针作为函数参数的用法。

3.2.3 预习内容

1.字符串的引用方式,字符指针作为函数参数。

2.指向函数的指针变量作为函数参数,返回指针值的函数。

3.指针数组,指向指针的指针。

3.2.4 实验内容

1.阅读程序,分析结果,并上机验证。

(1) 程序的运行结果是_____。

```c
/* ex12-1 */
#include "stdio.h"
int main()
{
    int a;
    int *pa = &a;
    int **ppa = &pa;            /* ppa 为指向指针 pa 的指针 */
    printf("Please input an integer :");
    scanf("%d", &a);
    printf("a=%d \n", a);
    printf("a=%d \n", *pa);
    printf("a=%d \n", **ppa);
    return 0;
}
```

注意程序中指向指针的指针 ppa 的定义和使用。

（2）程序的运行结果是_____。

```
/* ex12-2 */
#include "stdio.h"
int length(char * p)
{
    int n;
    n = 0;
    while( * p)
    {
        n++;
        p++;
    }
    return n;
}

int main( )
{
    int len;
    char str[20];
    printf("Please input a string: ");
    scanf("%s", str);
    len = length(str);
    printf("len=%d\n", len);
    return 0;
}
```

分析程序实现的功能，注意字符指针作为形参的用法。被调函数 length 中的循环条件 while(* p)也可以写为 while(* p != '\0')或 while(* p != 0)。

（3）程序的运行结果是_____。

```
/* ex12-3 */
#include "stdio.h"
int main( )
{
    char * a = "first", * b = "second", * t;
    printf("a:%s\nb:%s\n", a, b);
    t = a;
    a = b;
    b = t;
    printf("swap\na:%s\nb:%s\n", a, b);
    return 0;
}
```

分析程序实现的功能，注意字符串的引用方式。请思考：如果将字符指针 a 和 b 的定义改为定义字符数组 a 和 b，程序是否正确？

（4）程序的运行结果是_____。

```
/* ex12-4 */
#include "stdio.h"
#include "string.h"
char * fun(char * str)
{
```

```
    char  * p = str;
    while( * p)
    {
        if( * p == ' ')
                strcpy(p, p + 1);
        else
                p++;
    }
    return str;
}

int main( )
{
    char s[80], * q;
    printf("Please input a string：");
    gets(s);
    q = fun(s);
    printf("The result is ：%s\n", q);
    return 0;
}
```

分析程序实现的功能，注意字符串的引用方式及返回指针值的函数的用法。

(5) 程序的运行结果是_____。

```
/*  ex12-5  */
#include "stdio. h"
#include "math. h"
int main( )
{
    double csc(double x);
    double sec(double x);
    double cot(double x);
    int i;
    double ( * p[3])(double);        /*  数组 p 的元素是指向函数的指针  */
    p[0] = csc;
    p[1] = sec;
    p[2] = cot;
    for(i = 0; i < 3; i++)
    {
        if(i == 0)
            printf("csc：");
        else if(i == 1)
                    printf("sec：");
                else
                    printf("cot：");
        /*  使用指向函数的指针调用函数  */
        printf("%.2f\n", ( * p[i])(30.0 / 180.0 * 3.14));
    }
    return 0;
}

double csc(double x)
{
    return 1. 0 / sin(x);
```

```
        }

        double sec(double x)
        {
            return 1. 0 / cos(x);
        }

        double cot(double x)
        {
            return 1. 0 / tan(x);
        }
```

注意程序中函数指针数组的声明和用法,使用指向函数的指针调用函数。

2. 阅读程序,分析程序中的错误,每处错误均在提示行/************************/的下一行,请将错误改正,并上机验证。

(1)用指针作为参数,实现求整数 x 的绝对值。

```
/* ex12-6 */
# include "stdio. h"
int fun (int *);
int main( )
{
    int a = -10, * p, f;
    printf("Please input an integer: ");
    scanf("%d", &a);
    p = &a;
    /************************/
    f = fun( * p);
    printf("The absolute value is: %d\n", f);
    return 0;
}

int fun(int * p)
{
    /************************/
    if(p < 0)
        return -( * p);
    else
        return * p;
}
```

(2)从键盘输入 3 个字符串,将这 3 个字符串按由小到大的顺序输出。

```
/* ex12-7 */
# include "stdio. h"
# include "string. h"
int main( )
{
    void swap(char * ,char *);
    char s1[20], s2[20], s3[20];
    printf("Please input string1:\n");
    gets(s1);
    printf("Please input string2:\n");
    gets(s2);
```

```c
        printf("Please input string3:\n");
        gets(s3);
        if(strcmp(s1, s2) > 0)                  /* 比较两个字符串 */
            swap(s1, s2);
        /***********************/
        if(strcmp(s3, s1) > 0)
            swap(s1, s3);
        if(strcmp(s2, s3) > 0)
            swap(s2, s3);
        printf("The order is:\n");
        printf("%s\n%s\n%s\n", s1, s2, s3);
        return 0;
    }

    void swap(char * p1, char * p2)             /* 交换两个字符串 */
    {
        char p[20];
        strcpy(p, p1);
        /***********************/
        strcpy(p2, p1);
        strcpy(p2, p);
    }
```

(3) 通过字符指针实现字符串复制。

```c
    /* ex12-8 */
    #include "stdio.h"
    int main()
    {
        char a[20] = "I am a student.", b[20], * p1, * p2;
        p1 = a;                     /* p1 指向字符串的第 1 个字符 */
        p2 = b;
        /***********************/
        for( ; * p1 != '\0'; p1++)
        {
            * p2 = * p1;
        }
        /***********************/
        * p1 = '\0';
        printf("string a is: %s\n", a);
        printf("string b is: %s\n", b);
        return 0;
    }
```

(4) 从键盘输入一个字符串,将字符串中的指定字符替换为"*"。

```c
    /* ex12-9 */
    #include "stdio.h"
    #include "string.h"
    char * find(char * str, char c)             /* 替换指定字符 */
    {
        int flag = 0;
        while ( * str != '\0')
        {
        /***********************/
```

```c
        if(str == c)
        {
            * str = '*';
            flag = 1;
        }
        str++;
    }
    if(flag)
        return str;
    else
        return NULL;
}


int main( )
{
    char string[80];
    char * p, c;
    printf("Please input the string: ");
    gets(string);
    printf("Please input the character: ");
    c = getchar( );
    p = NULL;
    /************************/
    p = find( * string, c);
    if(p != NULL)
        printf("The result is: %s\n", string);
    else
        printf("Did not find. \n");
    return 0;
}
```

3.阅读程序,在程序中提示行/************************/的下一行填写正确语句,将程序补充完整,并上机验证。

(1) 从键盘输入两个字符串 a 和 b,再将 a 和 b 对应位置字符中的较大者存放到字符数组 c 中。

```c
/*  ex12-10  */
# include "stdio. h"
# include "string. h"
int main( )
{
    int i = 0;
    char a[80], b[80], c[80] = {'\0'}, * p, * q;
    p = a;
    q = b;
    printf("Please input string1:\n");
    gets(a);
    printf("Please input string2:\n");
    gets(b);
    /* 将两字符串对应位置上较大的字符放入数组 c 中  */
    /************************/
    while(    ①    )
    {
    /************************/
        if(    ②    )
```

```
            c[i] = * p;
        else
            c[i] = * q;
        p++;
/************************/
        ___③___ ;
        i++;
    }
    /* 将较长字符串中剩余字符连接至 c 的末尾 */
    if( * p != '\0')
        strcat(c, p);
    else
        strcat(c, q);
    printf("The result is:\n%s\n", c);
    return 0;
}
```

（2）从键盘上输入两个整数和一个运算符，当输入运算符"＋"时，实现求两个数的和；当输入运算符"＊"时，实现求两个数的乘积。

```
/* ex12-11 */
#include "stdio.h"
int main( )
{
    int multi(int * a, int * b);
    int add(int * p, int * q);
    int a, b, s;
    char c;
    printf("Please input two integers：");
    scanf("%d%d", &a, &b);
    getchar( );                         /* 注意该语句的作用 */
    printf("Please input '+' or '*'：");
    scanf("%c", &c);
    if(c == '+')
    {
/************************/
        ___①___ ;                       /* 调用 fun 函数实现求和 */
        printf("%d\n", s);
    }
    else    if(c == '*')
            {
/************************/
                ___②___ ;               /* 调用 fun 函数实现求积 */
                printf("%d\n", s);
            }
            else
                printf(" Input error! \n");
    return 0;
}

int fun(int * x, int * y, int ( * p)())     /* p 为指向函数的指针 */
{
    int result;
/************************/
```

```
        result = _____③_____ ;
        return result;
}

int add(int * a, int * b)                         /* 注意形参类型 */
{
        int s;
        s = * a + * b;
        printf("%d+%d=", * a, * b);
        return s;
}

int multi(int * a, int * b)                        /* 注意形参类型 */
{
        int t;
        t = * a * * b;
        printf("%d * %d=", * a, * b);
        return t;
}
```

(3) 统计一个字符串中某子串出现的次数。

```
        /*  ex12-12  */
        #include "stdio. h"
        #include "string. h"
        int main( )
        {
                char s1[80], s2[80], * p1, * p2, * t;
                int n = 0, flag = 0;
                printf("Please input a string:\n");
                gets(s1);
                printf("Please input the substring:\n");
                gets(s2);
                p1 = s1;
                p2 = s2;
                while( * p1 != '\0')
                {
                        if( * p1 == * p2)
                        {
                                t = p1;
                                flag = 1;
        /***********************/
                                while( _____①_____ )           /* 寻找子串 */
                                {
                                        p1++;
                                        p2++;
                                }
                        }
                        else
                                p1++;
                        if( * p2 == '\0')                        /* 找到一个子串 */
        /***********************/
                                _____②_____ ;
                        else if(flag == 1)
                                {
```

```
                        p1 = t + 1;
                        flag = 0;
                    }
            p2 = s2;
        }
    printf("n=%d\n", n);
    return 0;
}
```

(4) 从键盘上输入年、月、日，输出该日是这一年的第几天。例如，3 月 1 日是非闰年的第 60 天，是闰年的第 61 天。

```
/*  ex12-13  */
# include "stdio. h"
int main( )
{
    int days(int ( * p)[13], int year, int month, int day);
    int y, m, d, n;
    int day_list[2][13]= {{0, 31, 28, 31, 30, 31, 30, 31, 31, 30, 31, 30, 31},
                          {0, 31, 29, 31, 30, 31, 30, 31, 31, 30, 31, 30, 31}};
    printf("Please input the year:\n");
    scanf("%d", &y);
    printf("Please input the month:\n");
    scanf("%d", &m);
    printf("Please input the day:\n");
    scanf("%d", &d);
    /************************/
    n = days(_____①_____ , y, m, d);
    printf("number is: %d\n", n);
    return 0;
}

/*  计算天数；形参 p 为指向一维数组的指针  */
int days(int( * p)[13], int year, int month, int day)
{
    int j, leap;
    /*  判断闰年  */
    leap = year % 4 == 0 && year % 100 != 0 || year % 400 == 0;
    for(j = 1; j < month; j++)
    /************************/
        day += _____②_____ ;
    return day;
}
```

4. 按要求编写程序，请在提示行/************************/之间填写代码，完善程序，并上机调试。

(1) 查找二维数组 a 的最大值及最小值，并计算数组元素的平均值，将结果输出(使用返回指针值的函数)。

编程提示：

① 在主函数中定义二维数组 a 和指针变量，输入二维数组中的元素。

② 在主函数中，调用 maxf 函数求最大值，调用 minf 函数求最小值，调用 averf 函数求平均值。

③ 3 个子函数返回指针值，将结果传回主函数。

```c
/*  ex12-14  */
#include "stdio.h"
int  * maxf(int  * q, int n)
{
    /*  参考下面注释块的内容，填写程序代码  */
    /*
        定义指针变量 max 和 t;
        for(max = q, t = q ; q < t + n; q++)
            max 指向最大元素;
    */
    /************************/



    /************************/
    return max;
}

int  * minf(int  * q, int n)
{
    /*  参考下面注释块的内容，填写程序代码  */
    /*
        定义指针变量 min 和 t;
        for(min = q, t = q ; q < t + n; q++)
            min 指向最小元素;
    */
    /************************/



    /************************/
    return min;
}

float  * averf(int  * q, int n)
{
    /*  参考下面注释块的内容，填写程序代码  */
    /*
        定义变量 sum;
        定义指针变量 aver 和 t;
        for(t = q ; q < t + n; q++)
            求数组元素的和 sum;
        aver 指向 sum;
        求平均值 * aver;
    */
    /************************/



    /************************/
    return aver;
}

int main( )
{
```

```
    /* 参考下面注释块的内容,填写程序代码 */
    /*
        定义 3 行 4 列的数组 a;
        定义指针变量 aver, p, max, min;
        for(p = a[0]; p < a[0] + 12; p++)
            输入数组元素;
        max = 调用 maxf 函数;
        min = 调用 minf 函数;
        aver = 调用 averf 函数;
        输出最大值、最小值和平均值;
    */
    /*************************/


    /*************************/
    return 0;
}
```

(2) 使用指针数组编程实现:对 5 个等长的字符串进行排序(升序),并输出排好序的字符串。

编程提示:

① 在主函数中,定义一个二维字符数组 str 和一个字符指针数组 p,将 p[i]指向数组 str 的第 i 行,通过引用 p[i]输入 5 个等长的字符串。

② 在主函数中,调用 sort 函数对字符串排序,调用 print 函数输出排好序的字符串。

③ sort 函数和 print 函数的形参均使用指针数组。

```
/*  ex12-15  */
#include "stdio. h"
#include "string. h"
#define N 5
int main( )
{
    /* 参考下面注释块的内容,填写程序代码 */
    /*
        声明 sort 函数和 print 函数;
        定义变量;
        char * p[N],str[N][20];
        将 p[i]指向 str 的第 i 行;
        printf("Please input %d strings:\n", N);
        输入 N 个字符串;
        调用 sort 函数;
        调用 print 函数;
    */
    /*************************/


    /*************************/
    return 0;
}

void sort(char * s[ ])
{
```

```
    /* 参考下面注释块的内容,填写程序代码 */
    /*
        定义变量;
        对 s 所指的字符串排序;
    */
    /*************************/



    /*************************/
}

void print(char * out[ ])
{
    /* 参考下面注释块的内容,填写程序代码 */
    /*
        定义变量;
        printf("the sequence is:\n");
        输出排序后的字符串;
    */
    /*************************/



    /*************************/
}
```

(3) 使用指向函数的指针编程实现:输入一个整数 n,当 n 为偶数时,调用函数求 $\dfrac{1}{2}+\dfrac{1}{4}+\cdots+\dfrac{1}{n}$;当 n 为奇数时,调用函数求 $\dfrac{1}{1}+\dfrac{1}{3}+\cdots+\dfrac{1}{n}$。

编程提示:

① 编写 4 个函数,在主函数中输入 n,调用函数 sum 完成求和。

② 函数 feven 计算 $\dfrac{1}{2}+\dfrac{1}{4}+\cdots+\dfrac{1}{n}$,函数 fodd 计算 $\dfrac{1}{1}+\dfrac{1}{3}+\cdots+\dfrac{1}{n}$。

③ fsum 函数中通过指向函数的指针调用函数 feven 和 fodd,实现不同的计算。

```
/* ex12-16 */
#include "stdio.h"
int main( )
{
    /* 参考下面注释块的内容,填写程序代码 */
    /*
        声明函数 feven, fodd, fsum;
        定义变量 i, n, sum;
        输入 n;
        if(n 为偶数)
            feven 和 n 作为实参调用 fsum;
        else
            fodd 和 n 作为实参调用 fsum;
        输出 sum;
    */
    /*************************/
```

```
        /************************/
        return 0;
    }

    float feven(int n)
    {
        /* 参考下面注释块的内容,填写程序代码 */
        /*
            定义变量;
            计算 1/2 + 1/4 + … + 1/n 的和 s;
        */
        /************************/



        /************************/
        return s;
    }

    float fodd(int n)
    {
        /* 参考下面注释块的内容,填写程序代码 */
        /*
            定义变量;
            计算 1/1 + 1/3 + … + 1/n 的和 s;
        */
        /************************/



        /************************/
        return s;
    }

    float fsum(float ( * p)(int), int n)
    {
        /* 参考下面注释块的内容,填写程序代码 */
        /*
            定义变量;
            用指针 p 调用函数;
        */
        /************************/



        /************************/
        return s;
    }
```

(4) 分别将指针 a、b 所指字符串中的字符逆序存放,然后按顺序逐个交叉合并到 c 所指数组中,较长字符串的剩余字符接在 c 所指数组的尾部。

例如,当 a 所指字符串为"abcdef",而 b 所指字符串为"123"时,c 所指数组中的内容应该为"f3e2d1cba"。

```
/* ex12-17 */
# include "stdio. h"
# include "string. h"
```

```c
void swap(char * s)                          /* 字符串逆序存放 */
{
    /*************************/


    /*************************/
}

void fun(char * a, char * b, char * c)       /* 字符串交叉合并 */
{
    /*************************/


    /*************************/
}

int main( )
{
    char s1[100], s2[100], t[200];
    printf("Please input string s1:");
    scanf("%s", s1);
    printf("\nPlease input string s2:");
    scanf("%s", s2);
    fun(s1, s2, t);
    printf("\nThe result is :%s\n", t);
    return 0;
}
```

3.2.5 实验注意事项

1. 字符指针变量指向一个字符串常量，只是把该字符串的第 1 个字符的地址赋给了指针变量，例如 char * str = "I am a student.";等价于如下语句：

```c
char * str;
str = "I am a student.";
```

只是把"I am a student."的第 1 个字符的地址赋给 str，而不是把"I am a student."这些字符存放到 str 中，也不是把字符串赋给 * str。字符串可以存放在字符数组中，不能存放在字符指针变量中。

2. 定义指向函数的指针变量。例如，

```c
int ( * p)(int, int);
```

其中 * p 两侧的括号不能省略。注意与返回指针值的函数形式区别，例如，

```c
int * fun(int, int);
```

代表函数 fun 返回一个指针型的值。

3. 函数名代表该函数的入口地址，指针变量指向函数，表示将函数的入口地址赋给指针变量。例如，

```c
p = fun;
```

其中 p 是指向函数的指针变量，fun 是函数名。一个指针变量可以先后指向同类型的不同函数，因此，可以通过指针变量先后调用不同的函数；而用函数名调用函数，只能调用指定的一个函数。

4. 注意区别指针数组和指向数组的指针变量的定义，例如，

  int ＊p[5];

表示定义了一个含有 5 个元素的指针数组 p，每个元素都是指针类型的数据。例如，

  int (＊p)[5];

表示定义了一个指向一维数组的指针变量 p。

3.3　实验 13　结构体与共用体

3.3.1　实验学时：2 学时

3.3.2　实验目的

1. 掌握结构体类型变量和结构体数组的概念与应用。
2. 了解和掌握链表的概念与操作方法。
3. 掌握共用体的概念和使用。

3.3.3　预习内容

1. 结构体变量的定义、初始化和引用。
2. 结构体数组的定义和使用，结构体指针的概念和使用。
3. 链表的概念，用指针处理链表。
4. 共用体变量的定义和使用。

3.3.4　实验内容

1. 阅读程序，分析结果，并上机验证。
(1) 程序的运行结果是＿＿＿＿＿＿＿。

```
/* ex13-1 */
# include "stdio. h"
# include "string. h"
struct student
{
    char num[20];              /* 学号 */
    char name[20];             /* 姓名 */
    float score;               /* 成绩 */
};
int main( )
{
    struct student stu;
    printf("Please input the num：");
    gets(stu. num);
    printf("Please input the name：");
    gets(stu. name);
    printf("Please input the score：");
    scanf("%f", &stu. score);
    printf("%s   %s   %. 2f\n", stu. num, stu. name, stu. score);
    return 0;
}
```

注意程序中结构体变量的定义和使用方法。

（2）程序的运行结果是_____。

```c
/* ex13-2 */
#include "stdio.h"
struct work                    /* 职工基本情况 */
{    char num[10];             /* 编号 */
     char name[10];            /* 姓名 */
     int age;                  /* 年龄 */
     int salary;               /* 工资 */
} worker[5];
int main( )
{
     int i;
     for(i = 0; i < 5; i++)
     {
          /* 输入编号、姓名、年龄、工资 */
          printf("Please input num, name, age, salary:\n");
          scanf("%s%s", worker[i].num, worker[i].name);
          scanf("%d%d", &worker[i].age, &worker[i].salary);
     }
     for(i = 0; i < 5; i++)
     {
          printf("%s\t%s\t", worker[i].num, worker[i].name);
          printf("%d\t%d\n", worker[i].age, worker[i].salary);
     }
     return 0;
}
```

注意程序中结构体数组的定义、输入和输出方法。

（3）程序的运行结果是_____。

```c
/* ex13-3 */
#include "stdio.h"
#include "string.h"
struct student
{
     char num[10];             /* 学号 */
     char name[10];            /* 姓名 */
     float score;              /* 成绩 */
};
int main( )
{
     struct student stu, * pstu = &stu;
     printf("Please input the num: ");
     gets(pstu->num);
     printf("Please input the name: ");
     gets(pstu->name);
     printf("Please input the score: ");
     scanf("%f", &(pstu->score));
     printf("%s  %s  %.2f\n", pstu->num, pstu->name, pstu->score);
     return 0;
}
```

注意结构体指针的定义和使用。

(4) 程序的运行结果是_____。

```
/* ex13-4 */
#include "stdio.h"
struct st
{
    int x;
    int * px;
} * p;
int data1[4] = {20, 40, 60, 80};
struct st data2[4] = {1, &data1[0], 3, &data1[1], 5, &data1[2], 7, &data1[3]};
int main( )
{
    for(p = data2; p < data2 + 4; p++)
        printf("%d, %d\n", p->x, *(p->px));/* 使用指针引用结构体成员 */
    return 0;
}
```

结构体数组 data2 的成员 px 是指针变量，注意程序中 data2 的成员 px 的指向。

(5) 程序的运行结果是_____。

```
/* ex13-5 */
#include "stdio.h"
union exam          /* 定义共用体 */
{
    short int x;
    char s[2];
};
int main( )
{
    union exam y, * p;
    y.x = 24897;
    p = &y;
    printf("%c, %c\n", p->s[1], p->s[0]);
    printf("%x, %x\n", p->s[1], p->s[0]);
    printf("%d\n", p->x);
    return 0;
}
```

观察程序中共用体变量的定义和共用体成员的引用，注意共用体变量与结构体变量的区别，分析程序运行结果。

2.阅读程序，分析程序中的错误，每处错误均在提示行/************************/的下一行，请将错误改正，并上机验证。

(1) 找出公司 4 名职工的工资最高者并显示其全部信息。

```
/* ex13-6 */
#include "stdio.h"
int main( )
{
    struct employee                    /* 职工基本情况 */
    {
        int num;                       /* 工号 */
        char name[8];                  /* 姓名 */
        int age;                       /* 年龄 */
```

```c
        int salary;                              /* 工资 */
    }em[4] = {
                {1, "wang", 25, 450},
                {2, "li", 38, 890},
                {3, "qi", 30, 890},
                {4, "jiang", 54, 759}
             };
    int i, max = em[0].salary;
    for(i = 0; i < 4; i++)                       /* 查找最高工资 */
    {
        if(em[i].salary > max)
/************************/
            max = salary;
    }
    printf("max = %d\n", max);
    for(i = 0; i < 4; i++)
    {
/************************/
        if(salary = max)
        {
            printf("%d  ", em[i].num);    /* 输出工号 */
            printf("%s  ", em[i].name);   /* 输出姓名 */
            printf("%d  ", em[i].age);    /* 输出年龄 */
            printf("%d  ", em[i].salary); /* 输出工资 */
            printf("\n");
        }
    }
    return 0;
}
```

(2) 查找某企业职工中年龄大于 35 岁的职工，并显示他们的全部信息。

```c
/* ex13-7 */
#include "stdio.h"
int main( )
{
    struct employee                 /* 职工基本情况 */
    {
        int num;                    /* 工号 */
        char name[8];               /* 姓名 */
        int age;                    /* 年龄 */
        int salary;                 /* 工资 */
    };
/************************/
    employee em[4] = {
                      {1,"wang",25,450},
                      {2,"li",38,890},
                      {3,"qi",30,234},
                      {4,"jiang",54,759}
                     };
    int i;
    for(i = 0; i < 4; i++)/* 查找年龄大于 35 岁的职工并输出其信息 */
    {
/************************/
        if(em.age > 35)
```

```
                {
                        printf("%d\t",em[i].num);            /* 输出工号 */
                        printf("%s\t",em[i].name);           /* 输出姓名 */
                        printf("%d\t",em[i].age);            /* 输出年龄 */
                        printf("%d\n",em[i].salary);         /* 输出工资 */
                }
        }
        return 0;
}
```

(3) 从键盘输入 10 名学生的信息(学号、姓名、成绩)，按照成绩从高到低的顺序排序后输出。

```
/* ex13-8 */
#include "stdio.h"
struct stu
{
        int num;
        char name[20];
        int score;
};
void sort(struct stu * st, int n)              /* 选择法排序 */
{
        struct stu * i, * j, t;
        for(i = st; i < st + n - 1; i++)
        {
                for(j = i + 1; j < st + n; j++)
                {
/*************************/
                        if(i.score < j.score)
                        {
                                t = * i;
                                * i = * j;
                                * j = t;
                        }
                }
        }
}
int main( )
{
        int i, n = 10;
        struct stu st[10];
        printf("Please input messages of 10 students,");
        printf("include num, name, score:\n");
        for(i = 0; i < n; i++)                 /* 输入学生信息 */
                scanf("%d%s%d", &st[i].num, st[i].name, &st[i].score);
/*************************/
        sort(stu, n);
        for(i = 0; i < n; i++)                 /* 输出排序后的学生信息 */
                printf("%d\t%s\t%d\n", st[i].num, st[i].name, st[i].score);
        return 0;
}
```

(4) 建立一个链表，输入学生的信息(学号、姓名、成绩)，直到输入的学号为 0 时结束，输出所有学生的信息。

```c
/* ex13-9 */
#include "stdio. h"
#include "stdlib. h"
struct student
{
    int num;
    char name[20];
    float score;
    struct studnet * next;
};
struct student * create( )          /* 创建链表 */
{
    struct student * head, * p1, * p2;
    int n = 0;
    p1 = p2 = (struct student * ) malloc(sizeof(struct student));
    printf("Please input messages of students,");
    printf("include num, name, score:\n");
    scanf("%d%s%f", &p1->num, p1->name, &p1->score);
    head = NULL;
    while(p1->num != 0)     /* 输入学生信息，建立链表 */
    {
        n++;
        if(n == 1)
/***********************/
            p1 = head;
        else
            p2->next = p1;
        p2 = p1;
        p1 = (struct student * ) malloc(sizeof(struct student));
/***********************/
        scanf("%d%s%f", p1->num, p1->name, p1->score);
    }
    p2->next = NULL;
    return head;
}
void list(struct student * head)     /* 输出链表 */
{
    struct student * p;
    p = head;
    while(p != NULL )          /* 输出学生信息 */
    {
        printf("%d\t%s\t%.2f\n", p->num, p->name, p->score);
/***********************/
        p = next;
    }
}
int main( )
{
    struct student * head;
    struct student * s;
    float f;
    head = create( );
    list(head);
    return 0;
}
```

3.阅读程序，在程序中提示行/************************/的下一行填写正确语句，将程序补充完整，并上机验证。

（1）在一个结构体数组中存有3个人的姓名和年龄，输出年龄居中者的信息。

```c
/* ex13-10 */
#include "stdio.h"
static struct person
{
    char name[20];
    int age;
}p[] = {
            { "li ming", 18 },
            { "wang fang", 19 },
            { "zhang chen", 20 }
        };
int main( )
{
    int i, max, min;
    max = min = p[0].age;
    for(i = 1; i < 3; i++)          /* 找出年龄最大和最小者 */
    {
        if(p[i].age > max)
/************************/
                ①      ;
        else    if(p[i].age < min)
/************************/
                ②      ;
    }
    printf("Middle:\n");
    for(i = 0; i < 3; i++)          /* 输出年龄居中者的信息 */
    {
/************************/
        if(     ③      )
        {
            printf("%s %d\n", p[i].name, p[i].age);
            break;
        }
    }
    return 0;
}
```

（2）在一个结构体数组中存有5名学生的信息（学号、姓名、性别、成绩），计算这5名学生的平均成绩，并统计不及格的人数。

```c
/* ex13-11 */
#include "stdio.h"
struct stu
{
    int num;                    /* 学号 */
    char * name;                /* 姓名 */
    char sex;                   /* 性别 */
    float score;                /* 成绩 */
}st[5] = {
            { 101, "Li ming", 'M', 45 },
```

```
                    { 102, "Zhang liang", 'M', 62.5 },
                    { 103, "Wang fang", 'F', 87 },
                    { 104, "Sun yang", 'M', 82 },
                    { 105, "Li li", 'F', 56 }
                };
int main( )
{
        struct stu  * ps;
        void aver_f(struct stu  * ps, int n);
        ps = st;
        /*************************/
        _____①_____ ;                 /*  调用 aver_f 函数  */
        return 0;
}


/*  计算平均成绩，并统计不及格人数  */
void aver_f(struct stu  * ps, int n)
{
        int f = 0, i;
        float ave, sum = 0;
        for(i = 0; i < n; i++, ps++)
        {
                sum += ps -> score;
        /*************************/
                if(_____②_____ ) f++;        /*  统计不及格人数  */
        }
        printf("sum = %.2f\n", sum);
        ave = sum / n;
        printf("average = %.2f\nfail = %d\n", ave, f);
}
```

（3）在一个结构体数组中存有 4 名学生的信息（排名、姓名、成绩），按学生姓名查询其排名和平均成绩。查询可连续进行，直到输入 0 时结束。

```
/*  ex13-12  */
# include "stdio. h"
# include "string. h"
# define NUM 4
struct student
{
        int rank;
        char * name;
        float score;
}stu[] = {
                {3, "Tom", 82.6},
                {4, "Lisa", 78.2},
                {1, "Jack", 95.1},
                {2, "Betty", 90.6}
            };
int main( )
{
        char str[10];
        int i;
        printf("Please input a name：");
```

```
            scanf("%s", str);
            while(strcmp(str, "0") != 0)                /* 输入"0"循环结束 */
            {
                for(i = 0; i < NUM; i++)
                {
                /************************/
                    if(        ①        )
                    {
                        printf("rank：%d\n", stu[i]. rank);
                        printf("name：%s\n", stu[i]. name);
                        printf("average：%.2f\n", stu[i]. score);
                    /************************/
                            ②        ;                /* 找到该名学生则跳出循环 */
                    }
                }
                if(i >= NUM)
                    printf("Not found\n");
                printf("Please input a name：");
                scanf("%s", str);
            }
            return 0;
        }
```

(4) 从键盘上输入一行字符，按输入时的逆序建立一个链表，即先输入的字符位于链表尾，然后按输入的相反顺序输出，并释放所有节点。

```
/* ex13-13 */
#include "stdio. h"
#include "stdlib. h"
int main( )
{
    struct node
    {
        char info;
        struct node *next;
    };
    struct node *top, *p;
    char c;
    top = NULL;
    printf("Please input a string：");
    /************************/
    while((c = getchar( )) !=        ①        )        /* 逆序建立链表 */
    {
    /************************/
        p =        ②        malloc(sizeof(struct node));
        p -> info = c;
        p -> next = top;
        top = p;
    }
    printf("Revers：\n");
    while(top)                                          /* 反序输出 */
    {
    /************************/
            ③        ;
```

```
            top = top->next;
            putchar(p->info);
            free(p);
        }
        printf("\n");
        return 0;
    }
```

4.按要求编写程序,请在提示行/***************************/之间填写代码,完善程序,并上机调试。

(1) 定义一个结构体变量,包括 3 个域,即年、月、日。输入一个日期,计算该日在本年中是第几天,考虑闰年问题。

编程提示:

① 在主函数中定义一个数组 day_list,存放 12 个月的天数。

② 输入日期,存入结构体变量的各域中,计算该日是本年的第几天,考虑闰年。

③ 根据输入的月份及数组 day_list 中 2 月的天数,将结果加 1 或减 1。

```c
/*  ex13-14  */
#include "stdio.h"
struct
{
    int year;
    int month;
    int day;
}date;
int main( )
{
    /* 参考下面注释块的内容,填写程序代码 */
    /*
        定义变量 i, days;
        定义数组 day_list[13]存放各月天数;
        输入年、月、日,存入结构体变量 date 各域中;
        days = 0;
        for(i = 1; i < date.month; i++)
                计算当月之前的天数 days;
        days = days + date.day;
        if(date.year 是闰年)
            days++;
        输出该日是本年的第几天;
    */
    /***************************/



    /***************************/
    return 0;
}
```

(2) 定义一个结构体数组,每个元素包括 4 个域:学号、姓名、4 门课程的成绩及平均分。输入 5 名学生的学号、姓名和 4 门课程的成绩,存放在结构体数组中,计算出平均分,存放在结构体数组元素对应的域中,并输出 5 名学生的所有信息。

编程提示：

① 定义 readrec 函数，从键盘接收输入的学号、姓名和 4 门课程的成绩到结构体数组中，同时计算每名学生的平均成绩，放入相应域中。

② 定义 writerec 函数，输出已经存放了平均成绩的 5 名学生的信息。

③ 在主函数中调用 readrec 函数完成输入和计算，调用 writerec 函数完成输出。

```
/*  ex13-15  */
#include "stdio.h"
#define N 5
struct stud
{
      char num[5], name[10];
      int s[4];
      float ave;
};
void readrec(struct stud * rec)              /*  输入并计算平均成绩  */
{
      /*  参考下面注释块的内容,填写程序代码  */
      /*
          定义变量;
          for(i = 0; i < N; i++)
          {
              输入学号;
              输入姓名;
              for(j = 0; j < 4; j++)
              {
                  输入成绩;
                  计算 4 门成绩的和 sum;
              }
              计算平均成绩;
          }
      */
      /************************/



      /************************/
}


void writerec(struct stud * s)               /*  输出学生所有信息  */
{
      /*  参考下面注释块的内容,填写程序代码  */
      /*
          定义变量;
          for(k = 0; k < 5; k++)
          {
              输出学号、姓名;
              for(i = 0; i < 4; i++)
                  输出每门课程的成绩;
              输出平均成绩;
          }
      */
      /************************/



      /************************/
}
```

```
int main( )
{
    /*  参考下面注释块的内容,填写程序代码  */
    /*
        定义结构体数组 st;
        调用 readrec 函数;
        调用 writerec 函数;
    */
    /*************************/


    /*************************/
    return 0;
}
```

（3）建立一个链表，链表中每个节点包括学号、姓名、性别、年龄。输入一名学生的年龄，如果链表中的节点所包含年龄等于此年龄，则删除该节点。

编程提示：

① 定义 cre 函数，完成链表的建立，输入 5 名学生的数据。

② 定义 del 函数，找出符合年龄条件的学生数据，并将此节点删除。

③ 定义 print 函数，输出删除节点后的链表。

④ 在主函数中调用这 3 个函数完成相应功能。

```
/*  ex13-16  */
#include "stdio. h"
#include "stdlib. h"
#define N 5
struct student
{
    int num;
    char name[10];
    char sex;
    int   age;
    struct student * next;
};
struct student * cre( )
/* 建立一个带头节点的链表 */
{
    /* q 为尾指针,始终指向表尾节点 */
    /* 参考下面注释块的内容,填写程序代码 */
    /*
        定义变量;
        定义结构体指针 head, p, q;
        为 head 开辟内存区;
        head->next = NULL;
        q = head;
        for(i = 1; i <= N; i++)
        {
            为 p 开辟内存区;
            输入每个学生信息;
            q->next = p;
            q = p;
        }
        q->next = NULL;
```

```
        */
        /***********************/


        /***********************/
        return head;
}

/*  删除节点，注意所删节点为最后一个节点的情况  */
void del(struct student  * head，int age)
{
        /*  参考下面注释块的内容，填写程序代码  */
        /*
                定义结构体指针 p，q；
                p = head；
                while(p—>next)
                {
                        q = p—>next；
                        if(q—>age == age)
                        {
                                删除 q 节点；
                        }
                        p = p—>next；
                }
        */
        /***********************/


        /***********************/
}

/*  输出带头节点的链表 head 中各节点的数据元素  */
void print(struct student  * head)
{
        /*  参考下面注释块的内容，填写程序代码  */
        /*
                定义结构体指针 p；
                p 指向链表中第一个节点；
                while(p)
                {
                        输出 p 的各数据元素；
                        p = p—>next；
                }
        */
        /***********************/


        /***********************/
}

int main( )
{
        /*  参考下面注释块的内容，填写程序代码  */
        /*
                定义结构体指针 head；
                定义变量 age；
                调用函数 cre 创建链表；
```

```
            输入年龄；
            调用函数 del 删除节点；
            调用 print 输出链表；
        */
    /***********************/



    /***********************/
        return 0;
    }
```

(4) 有 a、b 两个有序链表，每个链表中的节点包括学号、姓名，a、b 中的节点各自按学号升序排列。要求把两个链表合并，合并后的链表仍按学号升序排列。

编程提示：

① 定义 create 函数，用于创建链表（注意输入数据时，学号和姓名的分隔方式）。

② 定义 merge 函数，完成按学号升序将链表 a 和 b 合并。

③ 定义 print 函数，将合并后的链表输出。

④ 在主函数中调用这 3 个函数完成相应功能。

```
/* ex13-17 */
#include "stdio.h"
#include "malloc.h"
#define LEN sizeof(struct student)
struct    student
{
    long num;
    char name[20];
    struct student * next;
};
struct student lista, listb;
int n, sum = 0;                          /* 全局变量 sum 存放总记录数 */
int main( )
{
    struct student * create( );
    struct student * merge(struct student * , struct student * );
    void print(struct student * );
    struct student * ahead, * bhead, * abh;
    printf("Please input list a:\n");
    ahead = create( );
    sum = sum + n;
    printf("Please input list b:\n");
    bhead = create( );
    sum = sum + n;
    abh = merge(ahead, bhead);
    print(abh);
    return 0;
}

/* 建立链表 */
struct student * create( )
{
    struct student * p1, * p2, * head;   /* 指向结构体的指针 */
    n = 0;
    p1 = p2 = (struct student * )malloc(LEN);
```

```
        printf("Please input number & name of student:\n");
        printf("If number is 0,stop inputing. \n");
        scanf("%ld%s", &p1->num, p1->name);
        head = NULL;
        while(p1->num != 0)
        {
            n = n + 1;
            if(n == 1)
                head = p1;
            else
                p2->next = p1;
            p2 = p1;
            p1 = (struct student * )malloc(LEN);
            scanf("%ld%s", &p1->num, p1->name);
        }
        p2 -> next = NULL;
        return(head);
}


/* 合并链表 */
struct student * merge(struct student * ah, struct student * bh)
{
    /************************/



    /************************/
    return ah;
}


/* 输出链表 */
void print(struct student * head)
{
    struct student * p;
    printf("There are %d records: \n", sum);
    p = head;
    if(p != NULL)
    {
        do
        {
            printf("%ld %s\n", p->num, p->name);
            p = p->next;
        }while(p != NULL);
    }
}
```

3.3.5 实验注意事项

1. 注意声明结构体类型的形式,例如,

```
struct student
{
    int num;
    float score;
};
```

结尾处的分号不能省略。

2.注意区别结构体类型的声明和结构体变量的定义。

3.不能将一个结构体变量作为整体输入和输出，只能对结构体变量中的各个成员分别输入和输出。

4.定义指向结构体变量的指针，例如，

```
struct student stu;
struct student * p;
p = & stu;
```

利用指针 p 引用结构体变量的成员 num，可以使用如下形式：

```
( * p).num;   或   p->num;
```

注意 * p 两侧的括号不能省略，也不能使用 p. num 这样的形式。

5.用指针处理链表时，链表中每个节点都应包括两个部分：实际数据和下一个节点的地址。通常，链表的"头指针"变量以 head 表示，其存放一个地址，该地址指向一个节点。链表的"表尾"不再指向其他节点，其地址部分放一个"NULL"，链表至此结束。

6.共用体变量的使用与结构体变量类似，只能引用共用体变量的成员，不能引用整个共用体变量。

7.结构体变量所占内存的字节数是所有成员所占内存字节数的总和；共用体变量所占内存的字节数是所有成员中所占内存字节数最大者所占的字节数。

8.共用体变量中起作用的成员是最后一次存放的成员。

3.4 实验 14 位运算

3.4.1 实验学时：2 学时

3.4.2 实验目的

1.掌握二进制的基本概念和二进制表示数据的方法。

2.掌握位运算的概念及各种位运算符的使用。

3.了解位域的概念。

3.4.3 预习内容

1.二进制数据的表示。

2.各种逻辑位运算和移位位运算。

3.4.4 实验内容

1.阅读程序，分析结果，并上机验证。

(1) 程序的运行结果是_____。

```
/* ex14-1 */
#include "stdio.h"
int main( )
{
    unsigned int a, b, c, d;
    a = 0x12;
```

```
        b = 0x56;
        c = a & b;
        d = a | b;
        printf("c=%d, %o, %x\n", c, c, c);
        printf("d=%d, %o, %x\n", d, d, d);
    return 0;
    }
```

注意程序中"按位与"和"按位或"运算的方法。

(2)程序的运行结果是_____。

```
/* ex14-2 */
#include "stdio. h"
int main( )
{
        unsigned int a = 0123, x, y, z;
        x = a >> 3;
        printf("x=%o,", x);
        y = ~(~0 << 4);
        printf("y=%o,", y);
        z = x & y;
        printf("z=%o\n", z);
        return 0;
}
```

注意程序中移位运算符的使用。

(3)程序的运行结果是_____。

```
/* ex14-3 */
#include "stdio. h"
int main( )
{
        char a = 'a', b = 'b';
        int t, c, d;
        t = a;
        t = (t << 8) | b;
        d = t & 0xff;
        c = (t & 0xff00) >> 8;
        printf("a=%d\nb=%d\nc=%d\nd=%d\n", a, b, c, d);
        return 0;
}
```

观察 t<<8 的值，分析一个数和 0xff 进行与运算的结果。

(4) 程序的运行结果是_____。

```
/* ex14-4 */
#include "stdio. h"
int main( )
{
        int num, mask, i;
        num = 1234;
        mask = 1 << 15;
        printf("%d = ", num);
        for(i = 1; i <= 16; i++)
        {
            putchar(num & mask ? '1' : '0');
            num <<= 1;
            if(i % 4 == 0)
```

```
                putchar('.');
        }
        printf("\bB\n");
        return 0;
}
```

注意复合赋值运算符<<=的用法,分析程序的功能。请思考:用位运算实现进制转换的方法。

(5) 程序的运行结果是_____。

```
/* ex14-5 */
#include "stdio.h"
int main( )
{
        int func(unsigned int x);
        unsigned int a;
        printf("Please input an unsigned integer:");
        scanf("%u", &a);
        printf("The result is: %u\n", func(a));
        return 0;
}

int func(unsigned int x)
{
        int i, mask = 1, n = 0;
        for(i = 1; i <= 16; i++)
        {
                if((x & mask) == mask)
                        n++;
                mask <<= 1;
        }
        return n;
}
```

注意程序中表达式 mask<<=1 的值,分析程序实现的功能。

3.4.5　实验注意事项

1.参加位运算的对象只能是整型或字符型数据,不能是实型数据。

2.按位与运算常用于完成清零、取一个数中某些指定位等。

3.按位或运算常用来将一个数据的某些位定值为 1。

4.两个不同长度的数据进行位运算时,系统会将两者右对齐。正数左侧补 0,负数左侧补 1。

5.右移运算时,对于有符号数,如果符号位是 1,左边移入 0 称为"逻辑右移",左边移入 1 称为"算术右移"。不同的系统处理方法不同,Visual C++采用的是算术右移。

3.5　实验 15　文件

3.5.1　实验学时:2 学时

3.5.2　实验目的

1.掌握文件操作的基本步骤,熟悉文件指针的使用。

2.掌握文件的打开、关闭、读/写等操作函数的使用方法。

3.5.3 预习内容

1. 文件和文件指针的概念。
2. 文件操作的步骤。
3. 文件打开、关闭和读/写等函数。

3.5.4 实验内容

1. 阅读程序，分析结果，并上机验证。

(1) 程序的运行结果是_____。

```c
/* ex15-1 */
# include "stdio. h"
# include "stdlib. h"
int main( )
{
    char ch;
    FILE * fp;
    /* 在当前目录建立文件 file1. txt，以只写方式打开 */
    if((fp = fopen("file1. txt","w")) == NULL)
    {
        printf("file open error! \n");
        exit(0);
    }
    printf("Please input a string:\n");
    while((ch = getchar( )) != '#')
    {
        fputc(ch, fp);
    }
    fclose(fp);
    return 0;
}
```

从键盘输入若干字符，以"#"结束，运行程序后，查看文件 file1. txt 的内容。

(2) 程序的运行结果是_____。

```c
/* ex15-2 */
# include "stdio. h"
# include "stdlib. h"
int main( )
{
    char ch;
    FILE * fp;
    /* 以只读方式打开文件 */
    if((fp = fopen("file1. txt","r")) == NULL)
    {
        printf("file open error! \n");
        exit(0);
    }
    while(! feof(fp))
    {
        ch = fgetc(fp);
        putchar(ch);
    }
    fclose(fp);
```

```
        return 0;
    }
```

观察程序的运行结果，分析此题与上一题的关系。

（3）程序的运行结果是_____。

```
/* ex15-3 */
#include "stdio.h"
#include "stdlib.h"
int main( )
{
    char ch;
    int count = 0;
    FILE * fp;
    /* 以只读方式打开文件 */
    if((fp = fopen("file1.txt", "r")) == NULL)
    {
        printf("file open error! \n");
        exit(0);
    }
    while((ch = fgetc(fp)) != EOF)
    {
        if(ch >= 'a' && ch <= 'z')
            count++;
    }
    printf("count = %d\n", count);
    fclose(fp);
    return 0;
}
```

观察程序的运行结果，结合前两题分析程序实现的功能。

（4）程序的运行结果是_____。

```
/* ex15-4 */
#include "stdio.h"
#include "stdlib.h"
int main( )
{
    FILE * fp;
    int i;
    float x;
    /* 在当前目录建立文件，以只写方式打开 */
    if((fp = fopen("file1.txt", "w" ) ) == NULL)
    {
        printf("file open error! \n");
        exit(0);
    }
    printf("Please input 3 real numbers:\n");
    for(i = 1; i <= 3; i++)
    {
        scanf("%f", &x);
        printf("%.2f\n", x);
        fprintf(fp, "%.2f\n", x);
    }
    fclose(fp);
    return 0;
}
```

查看文件 file1. txt 的内容，分析程序实现的功能，注意 printf 函数与 fprintf 函数的区别。

(5)程序的运行结果是_____。

```
/* ex15-5 */
# include "stdio. h"
# include "stdlib. h"
int main( )
{
    float min, x;
    FILE * fp;
    /* 以只读方式打开文件 */
    if((fp = fopen("file1. txt", "r")) == NULL)
    {
        printf("file open error! \n");
        exit(0);
    }
    fscanf(fp, "%f", &min);
    while(! feof(fp))
    {
        fscanf(fp, "%f", &x);
        if(x < min)
            min = x;
    }
    printf("min = %.2f\n", min);
    fclose(fp);
    return 0;
}
```

观察程序的运行结果，结合上一题分析程序实现的功能，注意 scanf 函数与 fscanf 函数的区别。

2.阅读程序，分析程序中的错误，每处错误均在提示行/************************/的下一行，请将错误改正，并上机验证。

(1)从键盘上输入 10 个整数，并写入一个磁盘文件中，然后再读取和输出(使用 fread 函数和 fwrite 函数)。

```
/* ex15-6 */
# include "stdio. h"
# include "stdlib. h"
# define N 10
int main( )
{
    FILE * fp;
    int i;
    int a[10], b[10];
    /* 以二进制只写方式建立磁盘文件 */
    if((fp = fopen("file1. txt", "wb")) == NULL)
    {
        printf("file open error! \n");
        exit(0);
    }
    printf("Please input %d integers:\n", N);
    for(i = 0; i < N; i++)
    {
        scanf("%d", &a[i]);
/************************/
```

```
            fwrite(a, int, 1, fp);              /* 将数组 a 中数据写入文件 */
        }
        fclose(fp);
        /* 以二进制只读方式打开磁盘文件 */
        if((fp = fopen("file1.txt", "rb")) == NULL)
        {
            printf("file open error! \n");
            exit(0);
        }
        for(i = 0; i < N; i++)
        {
/*************************/
            fread(b, int, 1, fp);               /* 从磁盘文件读出数据，放入数组 b 中 */
            printf("%6d", b[i]);
        }
        printf("\n");
        fclose(fp);
        return 0;
    }
```

(2) 建立一个磁盘文件 student.txt，将文件中的数据读入结构体数组中，再输出到屏幕。从键盘输入 student.txt 的内容：

```
        20060001 Stuname1 78 89 91
        20060002 Stuname2 83 88 77
        20060003 Stuname3 75 71 98
        20060004 Stuname4 82 73 77
        20060005 Stuname5 98 89 94
```

```
/* ex15-7 */
# include "stdio.h"
# include "stdlib.h"
struct student
{
    long int num;
    char name[20];
    int chinese;
    int maths;
    int english;
    double ave;
}stu[100];
int main( )
{
    FILE * fp;
    int i, c, d, e, length = 0, sum;
    long int a;
    char b[20];
    if((fp = fopen("student.txt", "w")) == NULL)
    {
        printf("file open error! \n");
        exit(0);
    }
    printf("Please input the information of 5 students:\n");
    /* 从键盘输入 5 名学生的信息，并写入文件 */
    for(i = 0; i < 5; i++)
    {
        scanf("%ld%s%d%d%d", &a, b, &c, &d, &e);
```

```
/***********************/
        fprintf("%ld %s %d %d %d\n", a, b, c, d, e);
    }
    fclose (fp);
    if((fp = fopen("student. txt", "r")) == NULL)
    {
        printf("Read student. txt error!");
        exit(0);
    }
    else
    {
        i = 0;
        while(! feof(fp))                /* 从文件读出信息到结构体数组 */
        {
/***********************/
            fscanf(fp, "%ld%s", &stu[i]. num, &stu[i]. name);
            fscanf(fp, "%d%d", &stu[i]. chinese, &stu[i]. maths);
            fscanf(fp, "%d", &stu[i]. english);
            sum = stu[i]. chinese + stu[i]. maths + stu[i]. english;
            stu[i]. ave = (double)sum / 3;
            i++;
        }
        length = i - 1;
        for(i = 0; i < length; i++)      /* 显示到屏幕 */
        {
            printf("%ld\t%s\t", stu[i]. num, stu[i]. name);
            printf("%d\t%d\t", stu[i]. chinese, stu[i]. maths);
            printf("%d\t%. 2f\n", stu[i]. english, stu[i]. ave);
        }
        fclose(fp);
    }
    return 0;
}
```

3.阅读程序，在程序中提示行/***********************/的下一行填写正确语句，将程序补充完整，并上机验证。

(1) 从键盘输入两名学生的信息(姓名、学号、年龄、地址)，写入一个磁盘文件中，再从文件中读出这两名学生的信息显示在屏幕上(使用 fscanf 函数和 fprintf 函数)。

```
/* ex15-8 */
#include "stdio. h"
#include "stdlib. h"
struct stu
{
    char name[10];
    int num;
    int age;
    char addr[15];
}s1[2], s2[2];
int main( )
{
    FILE *fp;
    int i;
    if((fp = fopen ("stu_list. txt", "wb")) == NULL)
    {
        printf("Cannot open file ! \n");
```

```c
            exit(0);
    }
    printf("Please input the information of student:\n");
    for(i = 0; i < 2; i++)          /* 从键盘输入数据 */
    {
        scanf("%s%d", s1[i].name, &s1[i].num);
        scanf("%d%s", &s1[i].age, s1[i].addr);
    }
    for(i = 0; i < 2; i++)          /* 将数据写入文件 */
    {
/************************/
        fprintf(      ①      );
    }
/************************/
        ②      ;
    if((fp = fopen("stu_list.txt", "rb")) == NULL)
    {
        printf("Cannot open file !");
        exit(0);
    }
    for(i = 0; i < 2; i++)          /* 读出数据显示到屏幕 */
    {
/************************/
        fscanf(      ③      );
        printf("%s\t%d\t", s2[i].name, s2[i].num);
        printf("%d\t%s\n", s2[i].age, s2[i].addr);
    }
    fclose(fp);
    return 0;
}
```

（2）从键盘上输入若干行字母（每行长度不等），把它们存储到磁盘文件 text.txt 中，再从该文件读取这些数据，将其中的小写字母转换成大写字母后在屏幕上输出。

```c
/* ex15-9 */
#include "stdio.h"
#include "stdlib.h"
int main( )
{
    int i, flag;
    char c, str[80];
    FILE * fp;
    if((fp = fopen("text.txt", "w")) == NULL)
    {
        printf("file open error!\n");
        exit(0);
    }
    flag = 1;
    while(flag == 1)        /* 从键盘输入字符串, 并写入文件 */
    {
        printf("Please input string:\n");
        gets(str);
/************************/
        fprintf(fp, "%s\n",      ①      );
        printf("If countiune , press Enter directly!");
```

```
                c = getchar();
                if((c=='N') || (c=='n'))
                /**************************/
                        ②        ;
        }
        fclose(fp);
        if((fp = fopen("text.txt", "r")) == NULL)
        {
                printf("Read student.txt error!\n");
                exit(0);
        }
        /* 转换成大写字母后输出到屏幕 */
        printf("The result is:\n");
        while(fscanf( fp, "%s", str ) !=EOF)
        {
                for(i = 0; str[i] != '\0'; i++)
                {
                        if((str[i] >= 'a') && (str[i] <= 'z'))
                        /**************************/
                                ③        ;
                }
                printf("%s\n", str);
        }
        fclose(fp);
        return 0;
}
```

4.按要求编写程序,请在提示行/***************************/之间填写代码,完善程序,并上机调试。

(1) 有 5 名学生,每人有 3 门课程的成绩,从键盘输入 5 名学生的信息(学号、姓名、3 门课程的成绩),存放在结构体数组中。计算出平均成绩,将原有数据和计算出的平均分数存放在磁盘文件 stud.txt 中。

编程提示:

① 定义结构体数组,数组元素包含 4 个域:学号、姓名、3 门课程的成绩、平均成绩。

② 将 5 名学生的学号、姓名和 3 门课程的成绩输入结构体数组中,计算平均成绩。

③ 将所有信息写入 stud.txt 文件中,并从文件读取数据,在屏幕上显示。

```c
/* ex15-10 */
#include "stdio.h"
#include "stdlib.h"
struct student
{
    char num[8];
    char name[8];
    int score[3];
    float ave;
}stu[5];
int main( )
{
    /* 参考下面注释块的内容,填写程序代码 */
    /*
```

```
        定义变量；
        定义文件指针；
        for(i = 0；i < 5；i++)
        {
            printf("Please input the information of student%d：\n", i + 1);
            printf("number：");
            输入学号；
            printf("name：");
            输入姓名；
            sum=0;
            for(j = 0；j < 3；j++)
            {
                printf("score %d：", j + 1);
                输入第 j 门课成绩；
                计算总成绩 sum；
            }
            计算平均成绩 stu[i].ave；
        }
        以写方式打开文件 stud.txt；
        for(i = 0；i < 5；i++)
            将结构体数组中的数据写入 stud.txt；
        fclose(fp);
        以读方式打开文件 stud.txt；
        for(i = 0；i < 5；i++)
        {
            从 stud.txt 读取数据到结构体数组中；
            printf("\n%s, %s", stu[i].num, stu[i].name);
            printf("%d, %d, ", stu[i].score[0], stu[i].score[1]);
            printf("%d, %6.2f\n", stu[i].score[2], stu[i].ave);
        }
    */
    /***********************/



    /***********************/
    fclose(fp);
    return 0;
}
```

（2）已知文件 text1.txt 中存放了一个 N 阶方阵的整数数据，每行中的每个数之间用空格分隔。编写程序读取这些数据，将矩阵转置后，仍按 N 阶方阵的格式写入文件 text2.txt 中。

编程提示：

① 定义一个数组 a[N][N]，使用 fscanf 函数将文件 text1.txt 中的矩阵读入数组中，使用双重循环将数组 a 中的矩阵转置（注意内循环的循环条件）。

② 建立文件 text2.txt，将转置后的矩阵 a[N][N] 写入文件 text2.txt 中。

```
/* ex15-11 */
#include "stdio.h"
#include "stdlib.h"
#define N 3
int main()
{
    int i, j, t, a[N][N];
```

```
    FILE  * fp;
    /* 以读方式打开文件 text1. txt;   */
    /************************/



    /************************/
    for(i = 0; i < N; i++)
    {
        for(j = 0; j < N; j++)
        {
        /*  使用 fscanf 函数读文件中的矩阵;并在屏幕显示 */
            /************************/



            /************************/
        }
        printf("\n");
    }
    fclose(fp);
    for(i = 0; i < N; i++)
    {
        for(j = i+1; j < N; j++)
        {
            /*  交换相应位置的元素; */
            /************************/



            /************************/
        }
    }
    /* 以写方式建立 text2. txt; */
    /************************/



    /************************/
    printf("Revers:\n");
    for(i = 0; i < N; i++)
    {
        fprintf(fp, "\n");
        for(j = 0; j < N; j++)
        {
    /* 使用 fprintf 函数将转置后的矩阵写入 text2. txt 中,并在屏幕显示 */
            /************************/



            /************************/
        }
        printf("\n");
    }
    fclose(fp);
    return 0;
}
```

(3) 将 N 名学生的信息(学号、姓名、成绩)写入文件 file. txt,分别实现以下要求,并将结果追加入文件 file. txt。

① 统计课程成绩的及格率、平均成绩。

② 统计各分数段(0~59，60~69，70~79，80~89，90~100)的人数，及其所占总人数的比例。

③ 统计 90 分以上和不及格学生的信息。

编程提示：

① 定义结构体类型如下：

```
struct student
{
    char num[20];
    char name[20];
    float score;
};
```

② 定义 source 函数，将 N 名学生的信息写入文件 file.txt。

③ 定义 aver 函数，统计及格率和平均成绩，将结果追加入 file.txt。

④ 定义 section 函数，统计各分数段的人数及其所占比例，将结果追加入 file.txt。

⑤ 定义 info 函数，统计 90 分以上和不及格学生的信息，将结果追加入 file.txt。

⑥ 在主函数中调用以上函数完成相应功能。

```c
/* ex15-12 */
#include "stdio.h"
#include "stdlib.h"
#define N 5
struct student
{
    char num[20];
    char name[20];
    float score;
};
void source(struct student stu[N]);
void aver(struct student stu[N]);
void section(struct student stu[N]);
void info(struct student stu[N]);
int main( )
{
    struct student stu[N];
    source(stu);
    aver(stu);
    section(stu);
    info(stu);
    return 0;
}

/* 输入学生信息，写入文件 file.txt */
void source(struct student stu[N])
{
    /************************/



    /************************/
}

/* 统计及格率、平均成绩 */
void aver(struct student stu[N])
```

```
{
    /************************/


    /************************/
}

/* 统计各分数段人数及所占比例 */
void section(struct student stu[N])
{
    /************************/


    /************************/
}

/* 统计 90 分以上和不及格学生信息 */
void info(struct student stu[N])
{
    /************************/


    /************************/
}
```

3.5.5 实验注意事项

1. C 语言中文件使用的步骤：在程序中包含头文件 stdio. h(♯ include ＜stdio. h＞)；定义文件类型指针(FILE ＊ fp;)；打开文件；读写文件；关闭文件。

2. 使用 fopen 函数打开文件时，注意文件的使用方式，在 fopen 函数的参数表中写出相应的字符。

3. 在打开文件时，可能由于某些原因不能实现"打开"任务，此时，最好给出错误提示信息，并使用 exit 函数关闭所有文件，终止程序的执行，待用户修改错误后再运行。

常使用如下形式打开文件：

```
if((fp = fopen("file. txt", "r")) == NULL)
{
    printf("cannot open this file\n");
    exit(0);
}
```

exit 函数是标准 C 的库函数，使用此函数应在程序中包含头文件 stdlib. h。

4. 注意 fscanf 函数与 scanf 函数的区别，以及 fprintf 函数与 printf 函数的区别。

第4章 C语言程序设计部分习题参考答案

4.1 C语言概述

1.编写一个程序输出字符串"C语言为世界上应用最广泛的几种计算机语言之一"。

```
#include "stdio. h"
int main( )
{
    printf("C语言为世界上应用最广泛的几种计算机语言之一\n");
    return 0;
}
```

2.编写一个程序,求两个数之和。

```
#include "stdio. h"
int main( )
{
    int a, b, c;
    printf("please input two number a b:");
    scanf("%d%d", &a, &b);
    c = a + b;
    printf("two number sum is %d\n", c);
    return 0;
}
```

4.2 数据类型、运算符与表达式

1.编写程序,实现将大写英文字母 A、B 转换成小写英文字母 a、b。

```
#include "stdio. h"
int main( )
{
    char c1 = 'A', c2 = 'B';
    char c3, c4;
    printf("%c %c\n", c1, c2);
    c3 = c1 + 32;
    c4 = c2 + 32;
    printf("%c %c\n", c3, c4);
    return 0;
}
```

2.编写程序,求半径 $r=3$ 的圆的面积。

```
#include "stdio. h"
#define PI 3. 14
int main( )
{
```

```
int r = 3;
float area;
area = PI * r * r;
printf("area = %.2f\n", area);
return 0;
}
```

4.3 顺序结构程序设计

1.已知梯形的上底、下底和高,计算梯形的面积。

```
# include "math. h"
# include "stdio. h"
int main( )
{
    double a, b, h, area;
    printf("Please input a, b, h:");
    scanf("%lf%lf%lf", &a, &b, &h);
    area = (a + b) * h / 2;
    printf("%f\n", area);
    return 0;
}
```

2.计算并输出表达式 $y = \dfrac{2}{3}(x+5)$ 的值。注意输出要有文字说明,取 2 位小数。

```
# include "stdio. h"
int main( )
{
    int x;
    float y;
    printf("Please input x:");
    scanf("%d", &x);
    y = 2 * (x + 5) / 3.0;
    printf("输出 y 的值%.2f\n", y);
    return 0;
}
```

3.已知一名学生的 3 门功课的成绩,计算平均成绩。

```
# include "stdio. h"
int main( )
{
    float x, y, z, av;
    printf("Please input x y z:");
    scanf("%f%f%f", &x, &y, &z);
    av = (x + y + z) / 3;
    printf("x = %f,y = %f,z = %f,av = %f\n", x, y, z, av);
    return 0;
}
```

4.设 a、b、c 分别表示三角形的三边,从键盘上输入 a、b、c 的值,根据数学公式

$$area = \sqrt{s(s-a)(s-b)(s-c)}, \text{其中 } s = (a+b+c)/2$$

计算三角形的面积(要求输入的三边长度能构成三角形)。

```
# include "stdio. h"
```

```
# include "math. h"
int main( )
{
    double a, b, c, s, t, area;
    printf("Please input a, b, c:");
    scanf("%lf%lf%lf", &a, &b, &c);
    s = (a + b + c) / 2.0;
    t = (s - a) * (s - b) * (s - c);
    area = sqrt(s * t);
    printf("%lf\n", area);
    return 0;
}
```

5.求一元二次方程的两个实数根。

```
# include "stdio. h"
# include "math. h"
int main( )
{
    float a, b, c, disc, x1, x2, p, q;
    printf("Please input a=    b=    c= :");
    scanf("a=%f,b=%f,c=%f", &a, &b, &c);
    disc = b * b - 4 * a * c;
    p = -b / (2 * a);
    q = sqrt(disc) / (2 * a);
    x1 = p + q;
    x2 = p - q;
    printf("x1=%5.2f\nx2=%5.2f\n", x1, x2);
    return 0;
}
```

4.4 选择结构程序设计

1. 对于一个不多于 4 位的正整数，要求：

(1) 求出是几位数。

(2) 按千、百、十、个位顺序输出每一位数字。

(3) 按逆序输出各位数字。

例如，这个数为 1234，输出"它是 4 位数，千、百、十、个位分别是 1、2、3、4，倒序为：4321"。

```
# include "stdio. h"
# include "math. h"
int main( )
{
    int num, indiv, ten, hundred, thousand, place;
    printf("Please input a integer (0~9999)):");
    scanf("%d", &num);
    if (num > 999)      place = 4;
    else if (num > 99)  place = 3;
    else if (num > 9)   place = 2;
    else                place = 1;
    printf("place = %d\n", place);
    thousand = num / 1000 % 10;
    hundred = num / 100 % 10;
    ten = num % 100 / 10;
```

```
        indiv = num % 10;
        switch(place)
        {
                case 4:printf("%d,%d,%d,%d", thousand, hundred, ten, indiv);
                       printf("\n invert number: ");
                       printf("%d%d%d%d\n", indiv, ten, hundred, thousand);
                       break;
                case 3:printf("%d,%d,%d", hundred, ten, indiv);
                       printf("\n invert number: ");
                       printf("%d %d %d\n", indiv, ten, hundred);
                       break;
                case 2:printf("%d,%d", ten, indiv);
                       printf("\n invert number: ");
                       printf("%d %d\n", indiv, ten);
                       break;
                case 1:printf("%d", indiv);
                       printf("\n invert number: ");
                       printf("%d\n", indiv);
                       break;
        }
        return 0;
}
```

2. 已知任意实数 x，求 $y=|x|$。

```
# include "stdio. h"
int main( )
{
        float x, y;
        printf("Please input x:");
        scanf("%f", &x);
        if(x > 0)
                y = x;
        else if(x == 0)
                y = 0;
        else
                y = -x;
        printf("y=%f\n", y);
        return 0;
}
```

3. 编写程序，给出一个年份，判断它是否为闰年。闰年的条件是：

（1）能被 4 整除，但不能被 100 整除。

（2）能被 100 整除，但不能被 400 整除。

```
# include "stdio. h"
int main( )
{
        int year, leap;
        printf("Please input year:");
        scanf("%d", &year);
        if((year%4 == 0 && year % 100 != 0) || (year % 400 == 0))
                leap = 1;
        else
                leap = 0;
        if(leap)
                printf("%d is ", year);
        else
```

```
        printf("%d is not ", year);
    printf("a leap year. \n");
    return 0;
}
```

4. 有一函数

$$y = \begin{cases} \lg x, & 10 \leqslant x < 20 \\ 2x-1, & 20 \leqslant x < 50 \\ 3x-11, & x \geqslant 50 \end{cases}$$

请使用 if-else if、switch 两种分支语句，编写两个程序，输入 x 值，输出 y 值。

程序 1：

```
# include "stdio. h"
# include "math. h"
int main( )
{
    int x, y;
    printf("enter x:");
    scanf("%d", &x);
    if(x >= 10 && x < 20)            /* x >= 10 */
    {
        y = (int)log10(x);
        printf("x = %d,y = %d\n", x, y);
    }
    else if(x >= 20 && x < 50)       /* 20 =< x < 50 */
    {
        y = 2 * x - 1;
        printf("x = %d,  y = %d\n", x, y);
    }
    else                             /* x> = 50   */
    {
        y = 3 * x - 11;
        printf("x = %d,  y = %d\n", x, y);
    }
    return 0;
}
```

程序 2：

```
# include "stdio. h"
# include "math. h"
int main( )
{
    int x, y, t;
    printf("enter x:");
    scanf("%d", &x);
    t = x / 10;
    switch(t)
    {
        case 1: y = (int)log10(x);break;
        case 2:
        case 3:
        case 4: y = 2 * x - 1;break;
        case 5: y = 3 * x - 1;break;
    }
    printf("y = %d\n", y);
```

```
        return 0；
    }
```

5. 使用 switch 语句，按运输距离、折扣率计算运费：运费＝重量×距离×(1－折扣率)×价格。

距离 s	折扣率
$s < 250$	0
$250 \leqslant s < 500$	2％
$500 \leqslant s < 1000$	5％
$1000 \leqslant s < 2000$	8％
$2000 \leqslant s < 3000$	10％
$3000 \leqslant s$	15％

```
#include "stdio.h"
int main( )
{
    int c, s;
    float p, w, d, f;
    printf("Please enter price,weight,discount:");    /* 提示输入的数据 */
    scanf("%f,%f,%d", &p, &w, &s); /* 输入单价、重量、距离 */
    if(s >= 3000)   c = 12;         /* 3000km 以上为同一折扣 */
    else          c = s / 250;     /* 3000km 以下各段折扣不同，c 的值不相同 */
    switch(c)
    {
        case 0： d = 0; break;       /* c = 0，代表 250km 以下，折扣 d = 0 */
        case 1： d = 2; break;       /* c = 1，代表 250 到 500km 以下，折扣 d = 2% */
        case 2：
        case 3： d = 5; break;       /* c = 2 和 3，代表 500 到 1000km 以下，折扣 d = 5% */
        case 4：
        case 5：
        case 6：
        case 7： d = 8; break;       /* c = 4～7，代表 1000 到 2000km 以下，折扣 d = 8% */
        case 8：
        case 9：
        case 10：
        case 11： d = 10; break;     /* c = 8～11，代表 2000 到 3000km 以下，折扣 d = 10% */
        case 12： d = 15; break;     /* c = 12，代表 3000km 以上，折扣 d = 15% */
    }
    f = p * w * s * (1 - d / 100);/* 计算总运费 */
    printf("freight = %10.2f\n", f);  /* 输出总运费，取两位小数 */
    return 0;
}
```

4.5　循环结构程序设计

1. 任意输入 n 个整数，分别统计奇数的和、奇数的个数、偶数的和、偶数的个数。

```
#include "stdio.h"
int main( )
{
    int a, n, i, j = 0, k = 0, s1 = 0, s2 = 0;
    printf("Please input number n:");
    scanf("%d", &n);
    for(i = 1; i <= n; i++)
```

```
    {
        scanf("%d", &a);
        if(a % 2 == 0)
        {
            j++;
            s1 = s1 + a;
        }
        else
        {
            k++;
            s2 = s2 + a;
        }
    }
    printf("Even number %d, Even sum %d\n", j, s1);
    printf("Odd number %d, Odd sum %d\n", k, s2);
    return 0;
}
```

2. 求出 10～100 之内能同时被 2、3、7 整除的数。

```
#include "stdio.h"
int main( )
{
    int m;
    for(m = 10; m <= 100; m++)
    {
        if(m % 2 == 0 && m % 3 == 0 && m % 7 == 0)
            printf("m = %d\n", m);
    }
    return 0;
}
```

3. 用辗转相除法(即欧几里得算法)求两个正整数的最大公约数及最小公倍数。

```
#include "stdio.h"
int main( )
{
    int p, r, n, m, temp;
    printf("Please two integer n, m:");
    scanf("%d,%d", &n, &m);
    if(n<m)
    {
        temp = n;
        n = m;
        m = temp;
    }
    p = n * m;
    r = m % n;
    while(r != 0)
    {
        r = n % m;
        n = m;
        m = r;
    }
    printf("它们的最大公约数为: %d\n", n);
    printf("它们的最小公倍数为: %d\n", p / n);
}
```

4. 计算 $e = 1 + \dfrac{1}{2!} + \dfrac{1}{3!} + \dfrac{1}{4!} + \cdots + \dfrac{1}{n!}$，$n=20$ 的值。

```
#include "stdio.h"
int main( )
{
    float s = 0, t = 1;
    int n;
    for(n = 1; n <= 20; n++)
    {
        t = t * n;
        s = s + 1.0 / t;
    }
    printf("s = %e\n", s);
    return 0;
}
```

5. 求 $s = a + aa + aaa + \cdots + \underbrace{aaa\cdots a}_{n \uparrow a}$ 的值，其中 a 是一个数字，n 从键盘输入。例如，3+33+333+3333+33333($n=5$)。

```
#include "stdio.h"
int main( )
{
    int a, n, i = 1, sn = 0, tn = 0;
    printf("Please input a,n = ");
    scanf("%d,%d", &a, &n);
    while(i <= n)
    {
        tn = tn + a;
        sn = sn + tn;
        a = a * 10;
        i++;
    }
    printf("a +  aa +  aaa +  ... = %d\n", sn);
    return 0;
}
```

6. 求 e^x 的级数展开式的前 $n+1$ 项之和：$e^x = 1 + x + \dfrac{x^2}{2!} + \dfrac{x^3}{3!} + \cdots + \dfrac{x^n}{n!}$。

```
#include "math.h"
#include "stdio.h"
int main( )
{
    int i;                          /* 定义整型循环变量 */
    int x, n;
    float sum = 1.0, t = 1.0;       /* 定义并初始化累加和 */
    printf("Please input x, n:");
    scanf("%d,%d", &x, &n);         /* 输入项数 */
    for(i = 1; i <= n; i++)         /* 循环条件 */
    {
        t = t * i;
        sum=sum+pow(x,i);           /* 不断累加 */
    }
    printf("sum = %f\n", sum);      /* 输出累加和 */
    return 0;
}
```

7. 求 200～300 之间全部素数的和。

```c
#include "stdio. h"
#include "math. h"
int main( )
{
    int m, n, i, s = 0;                     /* 定义整型变量 */
    for (m = 200; m <= 300; m = m + 1)       /* 外循环依次生成奇数 */
    {
        n = sqrt(m);
        for(i = 2; i <= n; i++)              /* 内循环判断条件 */
        {
            if ( m%i == 0)    break;         /* 一旦有除尽的数立即退出内循环 */
        }
        if (i > n)                           /* 退出内循环后满足此条件则是素数 */
        {
            printf("%4d", m);                /* 输出素数 */
            s = s + m;                       /* 求素数和 */
        }
    }
    printf("\n 素数和 s = %d\n", s);          /* 整个循环结束输出素数个数 */
    return 0;
}
```

8. 找出 100～999 之间的所有水仙花数。水仙花数是其个位的 3 次方加十位的 3 次方加百位的 3 次方等于其自身的数，如 $153 = 1^3 + 5^3 + 3^3$。

```c
#include "stdio. h"
int main( )
{
    int i, j, k, n;
    printf("“水仙花”数是：");
    for(n = 100; n < 1000; n++)
    {
        i = n / 100;
        j = n / 10 - i * 10;
        k = n % 10;
        if(n == i * i * i + j * j * j + k * k * k)
            printf("%4d", n);
    }
    printf("\n");
    return 0;
}
```

9. 一个数如果恰好等于它的因子之和，则这个数称为"完数"。例如，6 的因子为 1、2 和 3，而 6＝1＋2＋3，因此 6 是"完数"。编写程序找出 1000 之内的所有完数，并按下面的格式输出其因子"6 its factors are 1,2,3"。

```c
#define M 1000                  /* 定义寻找范围 */
#include "stdio. h"
int main( )
{
    int k1, k2, k3, k4, k5, k6, k7, k8, k9, k10;
    int i, a, n, s;
    for(a = 2; a <= M; a++)      /* a 是 2～1000 之间的整数，检查它是否是完数 */
    {
        n = 0;                   /* n 用来累计 a 的因子的个数 */
```

```
        s = a;                              /* s 用来存放尚未求出的因子之和,开始时等于 a */
        for(i = 1; i < a; i++)       /* 检查 i 是否是 a 的因子 */
            if(a % i == 0)              /* 如果 i 是 a 的因子 */
            {
                n++;                        /* n 加 1,表示新找到一个因子 */
                s = s - i;                 /* s 减去已找到的因子,s 的新值是尚未求出的因子之和 */
                switch(n)               /* 将找到的因子赋给 k1…k9,或 k10 */
                {
                    case 1：k1 = i; break;       /* 找出的第 1 个因子赋给 k1 */
                    case 2：k2 = i; break;       /* 找出的第 2 个因子赋给 k2 */
                    case 3：k3 = i; break;       /* 找出的第 3 个因子赋给 k3 */
                    case 4：k4 = i; break;       /* 找出的第 4 个因子赋给 k4 */
                    case 5：k5 = i; break;       /* 找出的第 5 个因子赋给 k5 */
                    case 6：k6 = i; break;       /* 找出的第 6 个因子赋给 k6 */
                    case 7：k7 = i; break;       /* 找出的第 7 个因子赋给 k7 */
                    case 8：k8 = i; break;       /* 找出的第 8 个因子赋给 k8 */
                    case 9：k9 = i; break;       /* 找出的第 9 个因子赋给 k9 */
                    case 10：k10 = i; break;   /* 找出的第 10 个因子赋给 k10 */
                }
            }
        if (s == 0)
        {
            printf("%d ,Its factors are ", a);
            if(n > 1)
                printf("%d,%d", k1, k2);                /* n>1 表示 a 至少有 2 个因子 */
            /* n>2 表示至少有 3 个因子,故应再输出一个因子 */
            if(n > 2)
                printf(",%d", k3);
            /* n>3 表示至少有 4 个因子,故应再输出一个因子 */
            if(n > 3)
                printf(",%d", k4);
            if(n > 4)
                printf(",%d", k5);                          /* 以下类似 */
            if (n > 5)
                printf(",%d", k6);
            if(n > 6)
                printf(",%d", k7);
            if(n > 7)
                printf(",%d", k8);
            if(n > 8)
                printf(",%d", k9);
            if(n > 9)
                printf(",%d",k10);
            printf("\n");
        }
    }
    return 0;
}
```

10. 一个球从 100 米高度自由落下,每次落地后反跳回原高度的一半,再落下,再反弹。求它在第 10 次落地时,共经过多少米?第 10 次反弹多高?

```
#include "stdio. h"
int main( )
{
    double sn = 100, hn = sn / 2;
    int n;
```

```
        for (n = 2; n <= 10; n++)
        {
            sn = sn + 2 * hn;                    /* 第 n 次落地时共经过的米数 */
            hn = hn / 2;                         /* 第 n 次反跳高度 */
        }
        printf("第 10 次落地时共经过%f 米\n", sn);
        printf("第 10 次反弹%f 米\n", hn);
        return 0;
    }
```

11. 用 100 元人民币兑换 10 元、5 元、1 元的纸币（每一种都要有）共 30 张，请用穷举法编程计算共有几种兑换方案？每种方案各兑换多少张纸币？

```
#include "stdio. h"
int main( )
{
    int i,j,k;
    for(i = 1;i <= 10; i++)
    {
        for(j = 1;j <= 30 - i; j++)
        {
            k = 100 - 10 * i - 5 * j;
            if(i * 10 + j * 5 + k * 1 == 100 && i + j + k == 30)
                printf("100 元可兑换成%d 张 10 元和%d 张 5 元%d 张 1 元\n", i, j, k);
        }
    }
    return 0;
}
```

12. 输出如下图案。

```
        *
      * * *
    * * * * *
  * * * * * * *
* * * * * * * * *
```

```
#include "stdio. h"
int main( )
{
    int i,j,k;
    for (i = 0; i <= 4; i++)
    {
        for (j = 0; j <= 3-i; j++)
            printf(" ");
        for (k = 0; k <= 2 * i; k++)
            printf(" * ");
        printf("\n");
    }
    return 0;
}
```

13. 设某县 2000 年工业产值为 200 亿元，如果该县预计平均每年工业总产值增长率为 4.5%，那么多少年后该县工业总产值将超过 500 亿？

```
#include "stdio. h"
int main( )
{
```

```
    int n = 2000, t;
    float a = 200;
    while(a <= 500)
    {
        t = 0.045 * a;
        a = a + t;
        n++;
    }
    printf("循环结构程序设计 a = %f, n = %d\n", a, n);
    printf("%d years over 500\n", n - 2000);
    return 0;
}
```

4.6 数　　组

1.将任意 10 个数输入一维数组，找出其中最大的数放到最前面，最小的数放到最后面。

```
# include "stdio. h"
# define N 10
int main( )
{
    int a[10], i, max, min, t;
    for(i = 0; i < N; i++)
        scanf("%d", &a[i]);
    max = a[0];
    min = a[0];
    for(i = 1; i < N; i++)
    {
        if(a[i] > max)
            max = a[i];
        if(a[i] < min)
            min = a[i];
    }
    for(i = 0; i < N; i++)
    {
        if(a[i] == max)
        {
            t = a[i];
            a[i] = a[0];
            a[0] = t;
        }
        if(a[i] == min)
        {
            t = a[i];
            a[i] = a[N-1];
            a[N-1] = t;
        }
    }
    for(i = 0; i < N; i++)
        printf("%d    ", a[i]);
    return 0;
}
```

2.将一个数组中的值按逆序重新存放。例如，原来顺序为 9,6,7,8,3,5,2，要求改为 2,5, 3,8,7,6,9。

```c
#include "stdio.h"
#define N 5
int main( )
{
    int a[N], i, temp;
    printf("enter array a:\n");
    for (i = 0; i < N; i++)
    {
        scanf("%d", &a[i]);
    }
    printf("array a:\n");
    for (i = 0; i < N; i++)
    {
        printf("%4d", a[i]);
    }
    for (i = 0; i < N / 2; i++)                    /* 循环的作用是将对称的元素的值互换 */
    {
        temp = a[i];
        a[i] = a[N-i-1];
        a[N-i-1] = temp;
    }
    printf("\nNow,array a:\n");
    for (i = 0; i < N; i++)
    {
        printf("%4d", a[i]);
    }
    printf("\n");
    return 0;
}
```

3. 有一个 5×5 的整型矩阵，分别求其主对角线和副对角线上的元素之和。

```c
#include "stdio.h"
int main( )
{
    int a[5][5], sum1 = 0, sum2 = 0;
    int i, j;
    printf("enter data:\n");
    for (i = 0; i < 5; i++)
        for (j = 0; j < 5; j++)
            scanf("%3d", &a[i][j]);
    for (i = 0; i < 5; i++)
    {
        sum1 = sum1 + a[i][i];
        sum2 = sum2 + a[4-i][i];
    }
    printf("sum1 = %5d,sum2 = %5d\n", sum1, sum2);
    return 0;
}
```

4. 编写一程序，将 200～300 之间的素数存放到一个一维数组中，并统计出素数的个数。

```c
#include "math.h"
#include "stdio.h"
int main( )
```

```
{
    int k, n, j, h = 0;
    int a[100];
    printf("200 到 300 之间的素数是:");
    for(n = 200; n< = 300; n++)
    {
        k = sqrt(n);
        for (j = 2; j <= k; j++)
        {
            if(n % j == 0)
            break;
        }
        if(j >= k + 1)
        {
            a[h] = n;
            h++;
        }
    }
    for(j = 0; j < h; j++)
        printf("%d   ", a[j]);              /* 输出素数 */
    printf("\n");
    return 0;
}
```

5.已知 10 个学生的 5 门课程的成绩,将其存入一个二维数组,求每一个学生的总成绩和每一个学生的平均成绩。

```
# include "stdio. h"
int main( )
{
    int i, j, k[10], s[10], a[10][5];
    float av[10];
    for (i = 0; i < 10; i++)
    {
        s[i] = 0;
        scanf("%d", &k[i]);
        for (j = 0; j < 5; j++)
        {
            scanf("%d", &a[i][j]);
            s[i] = s[i] + a[i][j];
        }
    av[i] = s[i] / 4.0;
    printf("%d ,%f \n", s[i], av[i]);
    }
    return 0;
}
```

6.由键盘任意输入两个字符串,不用库函数 strcat,将两个字符串连接起来。

```
# include "stdio. h"
int main( )
{
    char s1[80], s2[40];
    int i = 0, j = 0;
    printf("input string1:");
    gets(s1);
    printf("input string2:");
    gets(s2);
```

```
        while (s1[i] != '\0')
        {
            i++;
        }
        while(s2[j] != '\0')
        {
            s1[i++] = s2[j++];
        }
        s1[i] = '\0';
        printf("\nThe new string is:%s\n", s1);
        return 0;
    }
```

7. 由键盘任意输入一字符串，不用库函数 strlen，求它的长度。

```
    # include "stdio. h"
    int main( )
    {
        char s[100];
        int i;
        printf("input a string:\n");
        gets(s);
        for(i = 0; s[i] != '\0'; i++);
            printf("字符串的长度为：%d\n", i);
        return 0;
    }
```

8. 将无符号八进制数字构成的字符串转换为十进制整数。例如，输入的字符串为"556"，则输出十进制整数 n=366。

```
    # include "stdio. h"
    int main( )
    {
        char s[6];
        int n = 0, j = 0;
        gets(s);
        while(s[j] != '\0')
        {
            n = n * 8 + s[j] - '0';
            j++;
        }
        printf("n = %d \n", n);
        return 0;
    }
```

9. 由键盘任意输入一个字符串，将其存入一个字符数组，统计其中的大写字母、小写字母、数字及其他字符的个数。

```
    # include "stdio. h"
    # define MAX 100
    int main( )
    {
        char a[MAX], c;
        int i = 0, cb = 0, cs = 0, cn = 0, co = 0;   /* 大写字母，小写字母，数字，其他 */
        printf("Please input a string:\n");
        gets(a);
        while((c = a[i]) != '\0')
        {
```

```
            if(c >= 'A' && c <= 'Z')
                cb++;
            else if(c >= 'a' && c <= 'z')
                cs++;
            else if(c >= '0' && c <= '9')
                cn++;
            else
                co++;
            i++;
        }
        printf("big:%d, small:%d, num:%d, other:%d\n", cb, cs, cn, co);
        return 0;
    }
```

10. 由键盘任意输入 10 个学生的姓名(以拼音形式),将它们按 ASCII 码的顺序从大到小排序。

```
    #include "stdio.h"
    #include "string.h"
    int main( )
    {
        char name[10][10];
        int i, j;
        char temp[20];
        for(i = 0; i < 10; i++)
            gets(name[i]);
        for(j = 0; j < 10; j++)
        {
            for(i = 0; i < 10 - j; i++)
            {
                if(strcmp(name[i], name[i + 1]) > 0)
                {
                    strcpy(temp, name[i]);
                    strcpy(name[i], name[i + 1]);
                    strcpy(name[i + 1], temp);
                }
            }
        }
        for(i = 0; i < 10; i++)
        {
            puts(name[i]);
        }
        return 0;
    }
```

11. 有一个已经排好序的数组,现输入一个数,要求按原来排序的规律将它插入到数组中。

```
    #include "stdio.h"
    int main( )
    {
        int a[6] = {1, 3, 6, 7, 9};
        int i, j, x;
        scanf("%d", &x);
        for(i = 0; i < 5; i++)
        {
            if(x < a[i])
                break;
        }
```

```
        for(j = 5; j > i; j--)
        {
            a[j] = a[j-1];
        }
        a[j] = x;
        for(i = 0; i < 6; i++)
            printf("%4d", a[i]);
        printf("\n");
        return 0;
    }
```

12. 由键盘任意输入一字符串，对其进行加密，加密方法为：如果为字母，将其循环右移 2 个字母，其他字符保持不变。例如，原串为 ab12CDxyz，新串为 cd12EFzab。

```
    #include "stdio. h"
    int main( )
    {
        char a[80];
        int i;
        gets(a);
        for(i = 0; a[i] !=0; i++)
        {
            if((a[i] >= 'A' && a[i] <= 'X') || (a[i] >= 'a' && a[i] <= 'x'))
                a[i] = a[i] + 2;
            else if ((a[i] >= 'y' && a[i] <= 'z') || (a[i] >= 'Y' && a[i] <= 'Z'))
                a[i] = a[i] - 24;
        }
        puts(a);
        return 0;
    }
```

13. 输出以下形式的杨辉三角形（要求输出 10 行）。

```
1
1   1
1   2   1
1   3   3   1
1   4   6   4   1
1   5   10  10  5   1
```

```
    #include "stdio. h"
    #include "string. h"
    int main( )
    {
        int i, j, n;
        int a[100][100];
        scanf("%d", &n);
        for(i = 0; i < n; i++)
        {
            a[i][i] = 1;
            a[i][0] = 1;
        }
        for(i = 2; i < n; i++)
            for(j = 1; j < i; j++)
                a[i][j] = a[i-1][j-1] + a[i-1][j];
        for(i = 0; i < n; i++)
        {
            for(j = 0; j <= i; j++)
```

```
                printf("%d ", a[i][j]);
            printf("\n");
        }
        return 0;
    }
```

14. 输出一个"魔方阵"。魔方阵是指它的每一行的元素之和、每一列的元素之和都与对角线之和相等。例如,三阶魔方阵为

```
8    1    6
3    5    7
4    9    2
```

```
#include "stdio. h"
int main( )
{
    int a[15][15], i, j, k, p, n;
    p = 1;
    while(p == 1)
    {
        printf("input n(n = 1——15):");        /* 要求阶数为 1～15 之间的奇数 */
        scanf("%d", &n);
        if((n != 0) && (n <= 15) && (n % 2 != 0))  /* 魔方阵的阶数应为奇数 */
            p = 0;
    }
    for(i = 1; i <= n; i++)
    {
        for(j = 1; j <= n; j++)
            a[i][j] = 0;                            /* 初始化 */
    }
    j = n / 2 + 1;
    a[1][j] = 1;
    for(k = 2; k <= n * n; k++)
    {
        i = i - 1;
        j = j + 1;
        if((i < 1) && (j > n))
        {
            i = i + 2;
            j = j - 1;
        }
        else
        {
            if(i < 1)
                i = n;
            if(j > n)
                j = 1;
        }
        if(a[i][j] == 0)
            a[i][j] = k;
        else
        {
            i = i + 2;
            j = j - 1;
            a[i][j] = k;
        }
    }                                          /* 以上代码段为建立魔方阵 */
```

```
for(i = 1; i <= n; i++)
{
    for(j = 1; j <= n; j++)
        printf("%5d", a[i][j]);
    printf("\n");
}                                       /* 以上代码段为输出魔方阵 */
return 0;
}
```

4.7 函数与预处理命令

1.编写一个函数，将任意两个整数交换，并在主函数中调用此函数。

```
#include "stdio. h"
exchange(int x, int y)
{
    int z;
    z = x;
    x = y;
    y = z;
    printf("%d,%d\n", x, y);
}

int main( )
{
    int a, b;
    printf("Please input a,b:");
    scanf("%d,%d", &a, &b);
    exchange(a, b);
    return 0;
}
```

2.编写一个函数，统计任意一串字符中数字字符的个数，并在主函数中调用此函数。

```
#include "stdio. h"
total(char str[ ])
{
    int i, n = 0;
    for(i = 0; str[i] != '\0'; i++)
    {
        if(str[i] >= '0' && str[i] <= '9') n++;
    }
    return n;
}

int main( )
{
    char a[80];
    int b;
    printf("Please input string:\n");
    gets(a);
    b = total(a);
    printf("%d\n", b);
    return 0;
}
```

3.编写一个函数,对任意 n 个整数排序,并在主函数中输入 10 个整数,调用此函数。

```c
# include "stdio. h"
void sort(int x[ ], int n)
{
        int i, j, temp;
        for(i = 0; i <= n − 1; i++)
            for(j = i + 1; j <= n; j++)
                if(x[i] > x[j])
                {
                        temp = x[i];
                        x[i] = x[j];
                        x[j] = temp;
                }
}

int main( )
{
        int a[10];
        int i;
        printf("Please input 10 integer: ");
        for(i = 0; i < 10; i++)
        {
                scanf("%d", &a[i]);
        }
        sort(a, 10);
        for(i = 0; i < 10; i++)
        {
                printf("%d      ", a[i]);
        }
        return 0;
}
```

4.编写一个函数,将任意 $n×n$ 的矩阵转置,并在主函数中调用此函数将一个 $4×4$ 的矩阵转置。

```c
# include "stdio. h"
# define N 4
void convert(int array[4][4])
{
        int i, j, t;
        for(i = 0; i < 4; i++)
            for(j = i + 1; j < 4; j++)
            {
                    t = array[i][j];
                    array[i][j] = array[j][i];
                    array[j][i] = t;
            }
}

int main( )
{
        int i, j, array[N][N];
        printf("Please input array:\n");
        for(i = 0; i < N; i++)
            for(j = 0; j < N; j++)
```

```
        scanf("%d", &array[i][j]);
    convert(array);
    for(i = 0; i < N; i++)
    {
        for(j = 0; j < N; j++)
            printf("%4d", array[i][j]);
        printf("\n");
    }
    return 0;
}
```

5. 编写一个函数，用来判断一个整数是否为素数，如果是，则返回 1；如果不是，则返回 0。并利用此函数，找出 100～200 之间的所有素数。

```
#include "stdio.h"
#include "math.h"
int prime(int m)
{
    int i,flag = 1;
    for(i = 2; i <= sqrt(m); i++)
        if(m % i == 0)
        {
            flag = 0;
            break;
        }
    return (flag);
}

int main( )
{
    int n;
    for(n = 100; n <= 200; n++)
    {
        if(prime(n))
            printf("%d   ", n);
    }
    printf("\n");
    return 0;
}
```

6. 编写一个函数，将任意一个八进制数据字符串转换为十进制数据，并在主函数中调用此函数。

```
#include "stdio.h"
long conver(char str1[10])
{
    int i, n = 0;
    for(i = 0; str1[i] != '\0'; i++)
        n = n * 8 + str1[i] -'0';
    return n;
}

int main( )
{
    long m;
    char str[10];
    printf("Please input string：");
```

```
        scanf("%s", str);
        m = conver(str);
        printf("number m = %ld\n", m);
        return n;
    }
```

7. 编写一个函数，找出任意两个整数的最大公约数，并在主函数中调用此函数。

```
#include "stdio. h"
int hcf(int u, int v)
{
    int t, r;
    if(u < v)
    {
        t = u;
        u = v;
        v = t;
    }
    r = u % v;
    while(r != 0)
    {
        u = v;
        v = r;
        r = u % v;
    }
    return v;
}

int main( )
{
    int c, d, x;
    printf("Please input c,d:");
    scanf("%d,%d", &c, &d);
    x = hcf(c, d);
    printf("%d\n", x);
    return 0;
}
```

8. 编写一个函数，判断二维数组是否为对称数组（对称矩阵），如果是，则返回 1；如果不是，则返回 0。在主函数中调用此函数，判断一个 4×4 的数组是否为对称数组。

```
#include "stdio. h"
int antimere(int array[4][4])
{
    int i, j, flag = 0;
    for(i = 0; i < 4; i++)
        {
            for(j = i + 1; j < 4; j++)
            {
                if(array[i][j] == array[j][i])
                    flag = 1;
            }
        }
    return flag;
}

int main( )
{
```

```
        int a[4][4], m, i, j;
        printf("Please input array a :\n");
        for(i = 0; i < 4; i++)
        {
            for(j = 0; j < 4; j++)
                scanf("%d", &a[i][j]);
        }
        m = antimere(a);
        if(m)
            printf("a array is antimerr. \n");
        else
            printf("a array is not antimerr. \n");
        return 0;
    }
```

9. 编写一个函数，找出由 10 个整数组成的数组中的最大值。

```
    #include "stdio. h"
    int fun(int arr[10])
    {
        int i, max;
        max = arr[0];
        for(i = 0; i < 10; i++)
        {
            if(max < arr[i])
            {
                max = arr[i];              /* 数值赋给 max */
            }
        }
        return max;
    }

    int main( )
    {
        int i, a[10], max;
        printf("\nPlease input 10 integer: ");
        for(i = 0; i < 10; i++)
            scanf("%d", &a[i]);            /* 从键盘输入 10 个数据 */
        max = fun(a);
        printf("最大数%d\n", max);
        return 0;
    }
```

10. 编写一个函数，打印如下杨辉三角形，行数在主函数中输入。

```
    1
    1  1
    1  2  1
    1  3  3  1
    1  4  6  4  1
    1  5  10  10  5  1
    1  6  15  20  15  6  1
    #include "stdio. h"
    antimere(int arr[ ][50], int n)
    {
        int i, j;
        for(i = 2; i < n; i++)
            {
```

```
            for(j = 1; j < i; j++)
                arr[i][j] = arr[i-1][j-1] + arr[i-1][j];
        }
    }

int main( )
{
    int i, j, n, a[50][50];
    printf("please input a number between(3-50): ");
    scanf("%d", &n);
    for(i = 0; i < n; i++)
    {
        a[i][i] = 1;
        a[i][0] = 1;
    }
    antimere(a, n);
    for(i = 0; i < n; i++)
    {
        for(j = 0; j <= i; j++)
            printf("%6d", a[i][j]);
        printf("\n");
    }
    return 0;
}
```

11. 编写一个函数，将输入一行字符中的每个单词的首字母由小写改为大写，单词之间用一个或多个空格隔开。注意，如果该单词的首字符不是字母或已经是大写字母就不用改了。例如，输入"Hello my telephone number is 34567"，输出结果为"Hello My Telephone Number Is 34567"。

```
    #include "stdio. h"
    int main( )
    {
        char s[100];
        int i, num = 0, word = 0;
        char c;
        gets(s);
        for(i = 0; (c = s[i]) != '\0'; i++)
        {
            if(c == ' ')
                word = 0;
            else if(word == 0)
            {
                word = 1;
                num++;
            }
            if(s[i] != ' ' && s[i-1] == ' ' && (s[i] >= 'a' && s[i] <= 'z'))
                s[i] = s[i] - 32;
        }
        if(s[0] >= 'a' && s[0] <= 'z')
            s[0] = s[0] - 32;
        printf("There are %d words in the line. \n", num);
        printf("%s\n", s);
        return 0;
    }
```

4.8 指 针

1. 编写一个函数，完成一个字符串的复制，要求用字符指针实现。在主函数中输入任意字符串，并显示原字符串，调用该函数之后输出复制后的字符串。

```c
#include "stdio.h"
void copy(char * pa, char * pb);
int main( )
{
        char a[80], b[80];
        printf("Please input string:\n");
        gets(a);
        printf("\nOldString = %s\n", a);
        printf("\n");
        copy(a,b);
        printf("\nNewString = %s\n", b);
        return 0;
}
void copy(char * pa, char * pb)
{
        while( * pa != '\0')
        {
            * pb = * pa;
            pa++;
            pb++;
        }
        * pb = '\0';
}
```

2. 编写一个函数，求一个字符串的长度，要求用字符指针实现。在主函数中输入字符串，调用该函数输出其长度。

```c
#include "stdio.h"
void MyStrlen(char * pa);
int main( )
{
        char a[80];
        printf("please input a:");
        gets(a);
        MyStrlen(a);
        return 0;
}
void MyStrlen(char * pa)
{
        int count = 0;
        while( * pa != '\0')
        {
            pa++;                    /* 指向下一位字符 */
            count++;
        }
        printf("实际字符个数为:%d\n", count);
}
```

3. 从键盘上输入 10 个数据到一维数组中，然后找出数组中的最大值和该值所在的元素下标。要求调用子函数 search(int * pa,int n,int * pmax,int * pflag)完成,数组名作为实参,指针作为形参,最大值和下标在形参中以指针的形式返回。

```c
#include "stdio. h"
int search(int * pa, int n, int * pmax, int * pflag);
int main( )
{
    int a[10], i, max, flag, pmax;
    printf("Please input 10 numbers:");
    for(i = 0; i < 10; i++)
        scanf("%d", &a[i]);
    pmax = search(a, 10, &max, &flag);
    printf("Max is:%d\n" ,max);
    printf("Max position is:%d\n", flag);
    return 0;
}
int search(int * pa, int n, int * pmax, int * pflag)
{
    int i, * max;
    max = pmax;
    * pmax = pa[0];
    for(i = 1; i < n; i++)
    {
        if( * pmax < pa[i])
        {
            * pmax = pa[i];
            * pflag = i;
        }
    }
    return * max;
}
```

4. 从键盘上输入 10 个整数存放到一维数组中,将其中最小的数与第一个数对换,最大的数与最后一个数对换。要求将进行数据交换的处理过程编写成一个函数,函数中对数据的处理要用指针方法实现。

```c
#include "stdio. h"
void swap(int * p1 ,int * p2);
void fun(int * p);
int main( )
{
    int a[10], i;
    printf("Please input 10 datas:");
    for(i = 0; i < 10; i++)
        scanf("%d", &a[i]);
    fun(a);
    return 0;
}
void swap(int * p1, int * p2)
{
    int t;
    t = * p1;
    * p1 = * p2;
    * p2 = t;
}

void fun(int * pa)
{
```

```c
        int max, min, i, m, n;
        max = * pa;
        min = * pa;
        for(i = 1; i < 10; i++)
        {
            if(max < pa[i])
            {
                max = pa[i];
                m = i;
            }
            if(min > pa[i])
            {
                min = pa[i];
                n = i;
            }
        }
        swap(&pa[0], &pa[n]);
        swap(&pa[9], &pa[m]);
        printf("Output 10 datas:");
        for(i = 0; i < 10; i++)
            printf("%d ", pa[i]);
    }
```

5. 利用指向行的指针变量求 5×3 数组各行元素之和。

```c
#include "stdio.h"
void fun(int (* p)[3]);
int main( )
{
    int a[5][3], i, j;
    printf("请输入 5 * 3 矩阵 a:\n");
    for(i = 0; i < 5; i++)
        for(j = 0; j < 3; j++)
            scanf("%d", &a[i][j]);
    fun(a);
    return 0;
}
void fun(int (* p)[3])
{
    int i, j, sum = 0;
    for(i = 0; i < 5; i++)
    {
        printf("第%d 行元素之和为:", i + 1);
        for(j = 0; j < 3; j++)
            sum += p[i][j];
        printf("%d\n", sum);
        sum = 0;
    }
}
```

6. 在主函数中输入 5 个字符串(每个字符串的长度不大于 20),并输出这 5 个字符串。编写一个排序函数,完成对这些字符串按照字典顺序排序。然后在主函数中调用该排序函数,并输出这 5 个已排好序的字符串。要求用指针数组处理这些字符串。

```c
#include "stdio.h"
#include "string.h"
void fun(char * pa[20]);
int main( )
{
```

```
        char a[5][20], *p[5];
        int i;
        printf("***** Input 5 strings ******\n");
        for(i = 0; i < 5; i++)
            gets(a[i]);
        for(i = 0; i < 5; i++)
            p[i] = a[i];
        printf("\n***** Sort Before ******\n");
        for(i = 0; i < 5; i++)
            puts(a[i]);
        printf("\n***** Sort After ******\n");
        fun(p);
        for(i = 0; i < 5; i++)
            puts(p[i]);
        return 0;
}
void fun(char *pa[20])
{
        int i, j;
        char *temp = NULL;
        for(i = 0; i < 4; i++)
            for(j = i + 1; j < 5; j++)
            {
                if(strcmp(pa[j], pa[i]) < 0)
                {
                    temp = pa[i];
                    pa[i] = pa[j];
                    pa[j] = temp;
                }
            }
}
```

7. 编写一个函数，要求移动字符串中的内容。移动的规则如下：把第 1 到第 m 个字符，平移到字符串的最后；再把第 $m+1$ 到最后的字符移动到字符串的前部。例如，字符串中原来的内容为 ABCDEFGHIJK，m 的值为 3，移动后，字符串中的内容应该是 DEFGHIJKABC。在主函数中输入一个长度不大于 20 的字符串和平移的值 m，调用函数完成字符串的平移。要求用指针方法处理字符串。

```
#include "stdio. h"
#include "string. h"
void fun(char *pstr, int n);
int main( )
{
        char str[20];
        int m;
        printf("Please input a strings:");
        gets(str);
        printf("Please input intercept point:");
        scanf("%d", &m);
        fun(str, m);
        return 0;

}
void fun(char *pstr, int n)
{
        int i, x;
```

```
        x = strlen(pstr);
        printf("Changed strings:");
        for(i = n; i < x; i++)
            printf("%c", pstr[i]);
        for(i = 0; i < n; i++)
            printf("%c", pstr[i]);
        printf("\n");
    }
```

4.9 结构体与共用体

1.编写通讯录管理程序,用结构体实现下列功能:

(1) 通讯录含有姓名、电话、地址 3 项内容,建立含有上述信息的通讯录。

(2) 输入姓名,查找此人的电话号码及地址。

(3) 插入某人的信息。

(4) 输入姓名,删除某人的号码。

(5) 列表显示姓名、电话、地址等内容。

(6) 将以上功能用子函数实现,编写主函数,可以根据用户的需要,调用相应的子函数。

```
#include "stdio. h"
#include "string. h"
struct addrlist
{
    char name[50];
    char telephone[20];
    char address[20];
} addrs[100];
int count = 0;
int main( )
{
    void search( );              /* 按姓名查找函数 */
    void insert( );              /* 插入通讯录函数 */
    void del( );                 /* 删除通讯录函数 */
    void output( );              /* 输出通讯录函数 */
    char c;
    int flag = 1;
    while(flag)
    {
    /* 在屏幕上画一个主菜单 */
        printf("/********** 通讯录管理系统 **********/\n\n");
        printf("  1: search\n\n");
        printf("  2: insert\n\n");
        printf("  3: delete\n\n");
        printf("  4: output\n\n");
        printf("  0: exit\n\n");
        printf("/*******************************/\n\n");
        printf("please select:");
        c = getchar( );                        /* 输入选择项 */
        switch(c)
        {
            case '1':search( );  break;
            case '2':insert( );  break;
            case '3':del( );     break;
```

```
                case '4':output( );   break;          /* 调用输出函数 */
                case '0':flag = 0;                     /* 改变标志变量的值，退出循环 */
            }
        }
        return 0;
}

void search( )
{
        int i;
        char sname[20];
        printf("Please input name：");
        scanf("%s",sname);
        for(i = 0; i < count; i++)
        {
            if(strcmp(sname, addrs[i]. name) == 0)
            {
                printf("Name：%s\n", addrs[i]. name);
                printf("telephone：%s\naddress：%s\n", addrs[i]. telephone, addrs[i]. address);
            }
        }
        if(i == count)                          /* 未找到 */
        {
            printf("not found\n\n");
        }
}


void insert( )
{
        if(count == 99)
        {
            printf("Addrlist is full, insert error!");
        }
        else
        {
            printf("Please input name：\n");
            scanf("%s",addrs[count]. name);
            printf("Please input telephone：\n");
            scanf("%s",addrs[count]. telephone);
            printf("Please input address：\n");
            scanf("%s",addrs[count]. address);
            count = count + 1;
        }
        printf("\n");
}

void del( )
{
        char sname[20];
        int i, j;
        if(count == 0)
        {
            printf("Addrlist is empty, delete error!");
        }
        else
        {
            printf("Please input name：");
```

```
            scanf("%s",sname);
            for(i = 0; i < count; i++)
            {
                if(strcmp(sname, addrs[i]. name) == 0)
                    break;
            }
            if(i == count)                    /* 未找到 */
            {
                printf("not found\n\n");
            }
            else
            {
                for(j = i; j < count; j++)
                    addrs[j] = addrs[j + 1];
                count = count - 1;
            }
        }
    }


void output( )
{
    int i;
    printf("Addrlist\nName\t\ttelephone\t\taddress\n\n");
    for(i = 0; i < count; i++)
    {
        printf("%s\t\t%s\t\t%s\n", addrs[i]. name, addrs[i]. telephone, addrs[i]. address);
    }
    printf("\n");
}
```

2.已知学生成绩包括：姓名、数学成绩、英语成绩、语文成绩、平均成绩 5 个成员，要求输入 5 名学生的信息，并按平均成绩排序输出。

```
#include "stdio. h"
int main( )
{
    struct student                        /* 定义结构体类型 */
    {
        char name[20];
        int math;
        int engl;
        int chin;
        int avg;
    };
    struct student stud[5], t;            /* 定义结构数组 */
    int i,j,k;
    for(i = 0; i < 5; i++)
    {
        printf("Please input    %d name:", i);
        gets(stud[i]. name);
        printf("Please input %d   Math, english, Chinese:", i);
        scanf("%d%d%d", &stud[i]. math, &stud[i]. engl, &stud[i]. chin);
        getchar( );
        stud[i]. avg = (stud[i]. math + stud[i]. engl + stud[i]. chin) / 3;
    }
    for(i = 0; i < 4; i++)                 /* 选择法排序 */
    {
```

```
            k = i;
            for(j = i + 1; j < 5; j++)
                if(stud[j]. avg < stud[k]. avg)
                    k = j;
            if(k != i)
            {
                t = stud[i];
                stud[i] = stud[k];
                stud[k] = t;
            }
        }
        for(i = 0; i < 5; i++)
        {
            printf("%20s %5d %5d",stud[i]. name, stud[i]. math, stud[i]. engl);
            printf("%5d %5d \n", stud[i]. chin, stud[i]. avg);
        }
        return 0;
    }
```

3. 设有 3 个候选人，每次输入一个得票的候选人的名字，要求最后输出各候选人的得票结果。

```
# include "stdio. h"
# include "string. h"
struct student                      /* 候选人结构体 */
{
    char name[20];                  /* 姓名 */
    int count;                      /* 得票数 */
}stu[3] = {"li", 0, "zhang", 0, "fun", 0};

int main( )
{
    int i, j;
    char name[20];
    for(i = 1; i <= 20; i++)
    {
        scanf("%s", name);
        for(j = 0; j < 3; j++)            /* 得票人姓名与 3 个候选人姓名比较 */
            if(strcmp(name, stu[j]. name) == 0)
                stu[j]. count++;
    }
    printf("\n");
    for(i = 0; i < 3; i++)                 /* 输出 3 个候选人的姓名和得票数 */
        printf("Name：%5s, count：%d\n", stu[i]. name, stu[i]. count);
    return 0;
}
```

4. 统计一个以 head 为头节点的单向链表中节点的个数。

```
# include "stdio. h"
# include "stdlib. h"
# define N 8
typedef struct list
{
    int data;
    struct list * next;
}SLIST;

void fun( SLIST * h, int   * n)
{
```

```
    SLIST * p;
    (*n)=0;
    p=h->next;
    while(p)
    {
        (*n)++;
        p=p->next;
    }
}

SLIST * creatlist(int a[])
{
    SLIST * h, * p, * q;
    int i;
    h=p=(SLIST * )malloc(sizeof(SLIST));
    for(i=0; i<N; i++)
    {
        q=(SLIST * )malloc(sizeof(SLIST));
        q->data=a[i];
        p->next=q;
        p=q;
    }
    p->next=0;
    return h;
}

void outlist(SLIST * h)
{
    SLIST * p;
    p=h->next;
    if (p==NULL)
        printf("The list is NULL! \n");
    else
    {
        printf("\nHead ");
        do
        {
            printf("->%d",p->data);
            p=p->next;
        }while(p!=NULL);
        printf("->End\n");
    }
}

int main( )
{
    SLIST * head;
    int a[N]={12,87,45,32,91,16,20,48}, num;
    head=creatlist(a);
    outlist(head);
    fun(head, &num);
    printf("\nnumber=%d\n",num);
    return 0;
}
```

5. 请编程建立一个带有头节点的单向链表，链表节点中的数据通过键盘输入，当输入数据为 −1 时，表示输入结束(链表头节点的 data 域不放数据)。

```c
# include "stdio. h"
# include "malloc. h"
struct list
{
    int data;
    struct list * next;
};

struct list * creatlist( )
{
    struct list * p, * q, * ph;
    int a;
    ph=(struct list * )malloc(sizeof(struct list));
    p=q=ph;
    printf("input an integer number,enter -1? to the end:\n");
    scanf("%d", &a);
    while(a != -1)
    {
        p=(struct list * )malloc(sizeof(struct list));
        p->data = a;
        q->next = p;
        q = p;
        scanf("%d", &a);
    }
    p->next = '\0';
    return(ph);
}

int main( )
{
    struct list * head;
    head = creatlist( );
    return 0;
}
```

4.10 位 运 算

1. 选择题
(1) A (2) B (3) A (4) B (5) A (6) C (7) C (8) C

2. 填空题
(1) 11110000

(2) 1

(3) 00100100

(4) 80

(5) 3

4.11 文 件

1. 统计一个文本文件中英文字母的个数。

```c
# include "stdio. h"
# include "stdlib. h"
# include "string. h"
```

```
int main( )
{
    FILE * fp;
    char str[500];
    int i, len, c = 0;
    if ((fp = fopen("e:\\xt2. txt","r")) == NULL)
    {
        printf("Can not open file! \n");
        return 1;
    }
    while (fgets(str, 500, fp))
    {
        len = strlen(str);
        for(i=0; i <= len−1; i++)
        {
            if(str[i] >= 'a' && str[i] <= 'z' || str[i] >= 'A' && str[i] <= 'Z')
                c++;
        }
    }
    printf("%d\n", c);
    fclose(fp);
    return 0;
}
```

2. 已知一个文件中存放了 10 个整型数据，将其排序后存入另一个文件。

```
include "stdio. h"
int main( )
{
void t(int a[10]);
int a[10], i, j;
FILE * fp1, * fp2;
fp1 = fopen("E:\\f0. dat", "r");
fp2 = fopen("E:\\result. dat", "w");
for(i = 0; i <= 9; i++)
    fscanf(fp1, "%d", &a[i]);
t(a);
for(j = 0; j <= 9; j++)
    fprintf(fp2, "%d", a[j]);
    fclose(fp1);
    fclose(fp2);
    return 0;
}
void t(int a[10])
{
    int c, b, t;
    for(c = 0; c < 9; c++)
    {
        for(b = 0; b < 9 − c; b++)
        {
            if(a[b] > a[b + 1])
            {
                t = a[b];
                a[b] = a[b + 1];
                a[b + 1] = t;
            }
        }
    }
}
```

3. 已知一个文件中存放了 10 个整型数据，将其以二进制数据的形式存入另一个文件。

```c
#include "stdio. h"
int main( )
{
     int a[10], i;
     FILE * fp1, * fp2;
     if((fp1 = fopen("E:\\f0. dat", "r")) == NULL)
     {
         printf("Can not open file! \n");
         return 1;
     }
     if((fp2 = fopen("E:\\result. dat", "wb+")) == NULL)
     {
         printf("Can not create file! \n");
         return 1;
     }
     for(i = 0; i <= 9; i++)
     {
         fscanf(fp1, "%d", &a[i]);
     }
     fwrite(a, sizeof(int), 10, fp2);
     fclose(fp1);
     fclose(fp2);
     return 0;
}
```

4. 设两个文本文件中的字符数量相等，比较两个文本文件中的内容是否一致。如果不一致，请输出首次不同字符的位置。

```c
#include "stdio. h"
#include "string. h"
#define MA 255
int icmp(const char * a, const char * b)
{
     int i;
     for (i = 0; a[i]&&b[i] != 0; i++)
     {
         if (a[i] != b[i])
             break;
     }
   return (i + 1);
}


int main( )
{
     FILE * fp1, * fp2;
     int n = 0, fg = 0;
     char c1[MA], c2[MA];
     fp1=fopen("e:\\a. txt", "r");    /* 第 1 个文件 */
     fp2=fopen("e:\\b. txt", "r");    /* 第 2 个文件 */
     while (! feof(fp1) && ! feof(fp2))
     {
         fgets(c1, MA, fp1);
         fgets(c2, MA, fp2);
         n++;
         if (strcmp(c1, c2))
         {
```

```c
                    printf("第%d个字符不相同\n", icmp(c1, c2));
                    fg = 1;
                }
        }
        if (! fg)
        {
            printf("两个文件相同");
        }
        else if (! feof(fp1) || ! feof(fp2))
        {
            printf("第%d行不相同", n);
        }
        fclose(fp1);
        fclose(fp2);
        return 0;
    }
```

5. 从文件中读取 10 名学生的通讯录数据(姓名、住址、联系电话等),并将其存放到链表。

```c
#include "stdio.h"
#include "stdlib.h"                          /* 包含 malloc 的头文件 */
#define LEN sizeof (struct student)
struct student                               /* 定义链表结构类型 */
{
    char name[20];
    char address[50];
    char phone[20];
    struct  student * next;                  /* 定义链表结构指针域 */
};
int main( )
{
    struct student * p1, * p2, * head;
    FILE * fp;
    int i;
    if ((fp = fopen("e:\\exp12-5.dat", "r")) == NULL)
    {
        printf("Can not open file! \n");
        return 1;
    }
    /* 申请新节点 */
    p1 = p2 = (struct student * )malloc(LEN);
    head = p1;
    for(i = 0; i < 10; i++)
    {
        fscanf(fp, "%s", &p1->name);
        fscanf(fp, "%s", &p1->address);
        fscanf(fp, "%s", &p1->phone);
        p1->next = NULL;
        p2->next = p1;
        p2 = p1;
        p1 = (struct student * )malloc(LEN);
    }
    return 0;
}
```

附录 A　C 语言编程规范

1. 头文件

(1) 头文件的组成

头文件由三部分内容组成：

① 头文件开头处的版权和版本声明。

② 预处理块。

③ 函数和类结构声明等。

(2) 使用规则

① 为了防止头文件被重复引用，应当用 ifndef/define/endif 结构产生预处理块。

② 用 #include <filename. h> 格式来引用标准库的头文件(编译器将从标准库目录开始搜索)。

③ 用 #include "filename. h" 格式来引用非标准库的头文件(编译器将从用户的工作目录开始搜索)。

(3) 建议

①头文件中只存放"声明"而不存放"定义"。

②不提倡使用全局变量，尽量不要在头文件中出现像 extern int value 这类声明。

2. 程序的版式

(1) 空行规则

① 在每个类声明之后、每个函数定义结束之后，都要加空行。

② 在一个函数体内，逻辑上密切相关的语句之间不加空行，其他地方应可适当加空行分隔，一般为 1～2 行。

③ 文件之中不得存在无规则的空行，比如说连续十个空行。

④ 函数与函数之间的空行一般为 2～3 行。

(2) 代码行规则

① 一行代码只做一件事情，如只定义一个变量，或只写一条语句。这样的代码容易阅读，并且方便写注释。

② if、for、while、do 等语句自占一行，执行语句不得紧跟其后。不论执行语句有多少，都要加{ }。这样可以防止书写失误。

③ 尽可能在定义变量的同时初始化该变量(就近原则)。

(3) 代码行内的空格规则

① 关键字之后要留空格。像 const、virtual、inline、case 等关键字之后至少要留一个空格，否则无法辨析关键字。像 if、for、while 等关键字之后应留一个空格再跟左括号'('，以突出关键字。

② 函数名之后不要留空格，紧跟左括号'('，以与关键字区别。

③ '('向后紧跟，')'、','、';'向前紧跟，紧跟处不留空格。

④ ','之后要留空格，如 Function(x, y, z)。如果';'不是一行的结束符号，其后要留空格。

⑤ 对于表达式比较长的 for 语句和 if 语句，为了紧凑可以适当地去掉一些空格，如 for (i=0；i<10；i++)和 if ((a<=b) && (c<=d))。

（4）对齐规则

① 程序的分界符'{'和'}'应独占一行并且位于同一列，同时与引用它们的语句左对齐。

② { }之内的代码块在'{'右边数格处左对齐。

（5）修饰符的位置

应当将修饰符 * 和 & 紧靠变量名。

（6）提示行规则

为了增加程序的可读性，在每个输入函数（scanf、getch、getchar、gets 等）前必须使用 printf 增加提示行。在输出函数前为了更加清楚说明输出的内容，可使用 printf 增加提示行。

（7）注释

① 注释符为"/* … */"。C++语言中，程序块的注释常采用"/* … */"，行注释一般采用"//…"。注释通常用于版本、版权声明；函数接口说明；重要的代码行或段落提示。

② 注释是对代码的"提示"，而不是文档。程序中的注释不可喧宾夺主，注释太多会让人眼花缭乱。注释的花样要少。

③ 如果代码本来就是清楚的，则不必加注释。

3. 命名规则

（1）共性规则

① 标识符应当直观且可以拼读，可望文知意，不必进行"解码"。

② 标识符最好采用英文单词或其组合，便于记忆和阅读。切忌使用汉语拼音来命名。

③ 模块名、常量名、标号名、子程序名等，这些名字应该能反映它所代表的实际东西，具有一定的意义，使其能够见名知义，有助于对程序功能的理解。

④ 标识符的长度应当符合"min-length && max-information"原则。

⑤ 命名规则尽量与所采用的操作系统或开发工具的风格保持一致。

例如，Windows 应用程序的标识符通常采用"大小写"混排的方式，如 AddChild。而 UNIX 应用程序的标识符通常采用"小写加下画线"的方式，如 add_child。别把这两类风格混在一起使用。

⑥ 程序中不要出现仅靠大小写区分的相似的标识符。

⑦ 程序中不要出现标识符完全相同的局部变量和全局变量，尽管两者的作用域不同而不会发生语法错误，但会使人误解。

⑧ 变量的名字应当使用"名词"或"形容词＋名词"。

⑨ 全局函数的名字应当使用"动词"或"动词＋名词"（动宾词组）。类的成员函数应当只使用"动词"，被省略掉的名词就是对象本身。

⑩ 用正确的反义词组命名具有互斥意义的变量或相反动作的函数等。

建议：尽量避免名字中出现数字编号，如 Value1、Value2 等，除非逻辑上的确需要编号。

（2）简单的 Windows 应用程序命名规则

① 宏定义、枚举常数和 const 变量，用大写字母命名。在复合词里用下画线隔开每个词。

② 类名和函数名用大写字母开头的单词组合而成。

③ 函数名是复合词，第一个词采用全部小写的方式，随后每个单词采用第一个字母大写，其他字母小写的方式；如果是单个词，采用全部小写方式。

④ 变量和参数用小写字母开头的单词组合而成；常量全用大写的字母，用下画线分割单词。

⑤ 静态变量加前缀 s_（表示 static）。如果不得已需要用全局变量，则使全局变量加前缀 g_（表示 global）。

⑥ 类的数据成员加前缀 m_（表示 member），这样可以避免数据成员与成员函数的参数同名。

⑦ 临时变量词头为 tmp_。

⑧ 结构体内的变量命名，遵循变量的具体含义命名原则。

⑨ 为了防止某一软件库中的一些标识符和其他软件库中的冲突，可以为各种标识符加上能反映软件性质的前缀。例如三维图形标准 OpenGL 的所有库函数均以 gl 开头，所有常量（或宏定义）均以 GL 开头。

（3）表达式和基本语句

如果代码行中的运算符比较多，用括号确定表达式的操作顺序，避免使用默认的优先级。

① 复合表达式

不要编写太复杂的复合表达式；不要有多用途的复合表达式；不要把程序中的复合表达式与"真正的数学表达式"混淆。

② if 语句

布尔变量与零值比较：不可将布尔变量直接与 TRUE、FALSE 或者 1、0 进行比较。

整型变量与零值比较：应当将整型变量用"=="或"!="直接与 0 比较。

变量与零值比较：不可将浮点变量用"=="或"!="与任何数字比较。

指针变量与零值比较：应当将指针变量用"=="或"!="与 NULL 比较。

有时候我们可能会看到 if (NULL == p) 这样古怪的格式。不是程序写错了，是程序员为了防止将 if (p == NULL) 误写成 if (p = NULL)，而有意把 p 和 NULL 颠倒。编译器认为 if (p = NULL) 是合法的，但是会指出 if (NULL = p) 是错误的，因为 NULL 不能被赋值。

③ 循环语句的效率

建议：在多重循环中，如果有可能，应当将最长的循环放在最内层，最短的循环放在最外层，以减少 CPU 跨切循环层的次数。如果循环体内存在逻辑判断，并且循环次数很大，宜将逻辑判断移到循环体的外面。

④ for 语句的循环控制变量

不可在 for 循环体内修改循环变量，防止 for 循环失去控制。建议 for 语句的循环控制变量的取值采用"半开半闭区间"写法。

4. 函数设计

（1）参数的规则

① 参数的书写要完整，不要贪图省事只写参数的类型而省略参数名字。如果函数没有参数，则用 void 填充。

② 参数命名要恰当，顺序要合理。

③ 如果参数是指针，且仅做输入用，则应在类型前加 const，以防止该指针在函数体内被意外修改。

④ 如果输入参数以值传递的方式传递对象，则宜改用"const &"方式来传递，这样可以省去临时对象的构造和析构过程，从而提高效率。

建议：

① 避免函数有太多的参数，参数个数尽量控制在 5 个以内。如果参数太多，在使用时容易将参数类型或顺序搞错。

② 尽量不要使用类型和数目不确定的参数。

（2）返回值的规则

① 不要省略返回值的类型。

② 函数名字与返回值类型在语义上不可冲突。

③ 不要将正常值和错误标志混在一起返回。正常值用输出参数获得，而错误标志用 return 语句返回。

建议：

① 有时候函数原本不需要返回值，但为了增加灵活性如支持链式表达，可以附加返回值。

② 如果函数的返回值是一个对象，有些场合用"引用传递"替换"值传递"可以提高效率。而有些场合只能用"值传递"而不能用"引用传递"，否则会出错。

（3）函数内部实现的规则

① 在函数体的"入口处"，对参数的有效性进行检查。

② 在函数体的"出口处"，对 return 语句的正确性和效率进行检查。

（4）其他建议

① 函数的功能要单一，不要设计多用途的函数。

② 函数体的规模要小，尽量控制在 50 行代码之内。

③ 尽量避免函数带有"记忆"功能。相同的输入应当产生相同的输出。建议尽量少用 static 局部变量，除非必需。

④ 不仅要检查输入参数的有效性，还要检查通过其他途径进入函数体内的变量的有效性，例如全局变量、文件句柄等。

⑤ 用于出错处理的返回值一定要清楚，让使用者不容易忽视或误解错误情况。

5. 内存管理

（1）内存分配方式

内存分配方式有 3 种：

从静态存储区域分配。内存在程序编译的时候就已经分配好，这块内存在程序的整个运行期间都存在。例如全局变量，static 变量。

在栈上创建。在执行函数时，函数内局部变量的存储单元都可以在栈上创建，函数执行结束时这些存储单元自动被释放。栈内存分配运算内置于处理器的指令集中，效率很高，但是分配的内存容量有限。

从堆上分配，亦称动态内存分配。程序在运行时用 malloc 或 new 申请任意多少的内存，程序员自己负责在何时用 free 或 delete 释放内存。

（2）常见的内存错误及其对策

① 内存分配未成功，却使用了它。常用解决办法是，在使用内存之前检查指针是否为 NULL。

② 内存分配虽然成功，但是尚未初始化就引用它。两个起因：一是没有初始化的观念；二是误以为内存的缺省初值全为零。

③ 内存分配成功并且已经初始化，但操作越过了内存的边界。

④ 忘记了释放内存，造成内存泄漏。

⑤ 释放了内存却继续使用它。

例如，以下 3 种情况：

程序中的对象调用关系过于复杂，实在难以搞清楚某个对象究竟是否已经释放了内存，此时应该重新设计数据结构，从根本上解决对象管理的混乱局面。

函数的 return 语句写错了，注意不要返回指向"栈内存"的"指针"或"引用"，因为该内存在函数体结束时被自动销毁。

使用 free 或 delete 释放了内存后，没有将指针设置为 NULL。导致产生"野指针"。

解决问题的规则：

① 用 malloc 或 new 申请内存之后，应该立即检查指针值是否为 NULL。防止使用指针值为 NULL 的内存。

② 不要忘记为数组和动态内存赋初值。防止将未被初始化的内存作为右值使用。

③ 避免数组或指针的下标越界，特别要当心发生"多 1"或"少 1"操作。

④ 动态内存的申请与释放必须配对，防止内存泄漏。

⑤ 用 free 或 delete 释放了内存之后，立即将指针设置为 NULL，防止产生"野指针"。

⑥ 杜绝"野指针"。

I. 指针变量要初始化。任何指针变量刚被创建时不会自动成为 NULL 指针，它的缺省值是随机的。

II. 指针 p 被 free 或 delete 之后，未置为 NULL，让人误以为 p 是个合法的指针。

III. 指针操作超越了变量的作用范围。

⑦ 指针消亡了，并不表示它所指的内存会被自动释放。

⑧ 内存被释放了，并不表示指针会消亡或成了 NULL 指针。

6. 编程经验

(1) 越是怕指针，就越要使用指针。不会正确使用指针，算不上是一个合格的程序员。

(2) 必须养成"使用调试器逐步跟踪程序"的习惯，只有这样才能发现问题的本质。

(3) 使用 const 提高函数的健壮性。

(4) 提高程序的效率。

程序的时间效率是指运行速度，空间效率是指程序占用内存或者外存的状况。全局效率是指站在整个系统的角度上考虑的效率，局部效率是指站在模块或函数角度上考虑的效率。

① 不要一味地追求程序的效率，应当在满足正确性、可靠性、健壮性、可读性等质量因素的前提下，设法提高程序的效率。

② 以提高程序的全局效率为主，提高局部效率为辅。

③ 在优化程序的效率时，应当先找出限制效率的"瓶颈"，不要在无关紧要之处优化。

④ 先优化数据结构和算法，再优化执行代码。

⑤ 有时候时间效率和空间效率可能对立，此时应当分析哪个更重要，做出适当的折中。例如多花费一些内存来提高性能。

⑥ 不要追求紧凑的代码，因为紧凑的代码并不能产生高效的机器码。

7. 有益的建议

(1) 每行代码长度尽量避免超过屏幕宽度，应不超过 80 个字符。

（2）一个函数不要超过 200 行，一个文件应避免超过 2000 行。

（3）除非对效率有特殊要求，否则编写程序要做到清晰第一、效率第二。

（4）使用括号清晰地表达算术表达式和逻辑表达式的运算顺序。如将 x＝a＊b/c＊d 写成 x＝(a＊b/c)＊d，可避免阅读者误解为 x＝(a＊b)/(c＊d)。

（5）尽量避免不必要的转移，避免使用 go to 语句。

（6）避免采用过于复杂的条件测试。

（7）避免过多的循环嵌套和条件嵌套。

（8）避免采用多赋值语句，如 x＝y＝z；。

（9）不鼓励采用?:操作符，如 z＝(a＞b)? a:b；。

（10）不要使用空的 if else 语句。例如，

```
if(cMychar >='A')
if(cMychar <='Z')
    printf("This is a letter \n");
else
    printf("This is not a letter \n");
```

else 究竟是否定哪个 if？容易引起误解。可通过加{ }避免误解。

（11）尽量减少使用"否定"条件的条件语句。例如，可把 if(! ((cMychar ＜ '0') ‖ (cMychar ＞ '9')))改为 if((cMychar ＞= '0') && (cMychar ＜= '9'))。

（12）视觉上不易分辨的操作符容易发生书写错误。经常会把"=="误写成"="，而"‖"、"&&"、"<="、">="这类符号也很容易发生"丢1"失误。然而编译器却不一定能自动指出这类错误。

（13）变量(指针、数组)被创建之后应当及时初始化，以防止把未被初始化的变量当成右值使用。

（14）注意变量的初值、缺省值错误，或者精度不够。

（15）尽量使用显式的数据类型转换，避免让编译器进行隐式的数据类型转换。

（16）注意数组的下标越界。

（17）当心忘记编写错误处理程序，当心错误处理程序本身有误。

（18）当心文件 I/O 有错误。

（19）避免编写技巧性很高的代码。程序编写首先应考虑清晰性，不要刻意追求技巧性而使得程序难以理解。

（20）不要设计面面俱到、非常灵活的数据结构。

（21）如果原有的代码质量比较好，尽量复用它。但是不要修补很差劲的代码，应当重新编写。

（22）尽量用公共过程或子程序去代替重复的功能代码段。要注意，这个代码应具有一个独立的功能，不要只因代码形式一样便将其抽出组成一个公共过程或子程序。

（23）尽量使用标准库函数，不要"发明"已经存在的库函数。

（24）尽量不要使用与具体硬件或软件环境关系密切的变量。

（25）把编译器的选择项设置为最严格状态。

附录 B 常见错误分析

C 语言功能强大，使用方便灵活，所以得到了广泛应用。但就因为其"灵活"，所以要学好它、用好它，并不是件容易的事。由于 C 编译程序对语法检查并不象其他高级语言那么严格，所以这个"灵活"就给编程人员的程序调试带来了许多不便，尤其对初学 C 语言的人来说，经常会出一些连自己都不知道错在哪里的错误。C 语言调试中，常见错误有 3 类。

（1）语法错误：不符合 C 语言的语法规定。在编译时会被编译系统发现并指出，也属于"致命错误"，不改正是不能通过编译的。对有些语法上有毛病但不影响程序运行的问题，编译时会发出"警告"。原则上，虽然程序能编译通过，但不应当使程序"带病工作"，应将程序中所有导致"错误"和"警告"的因素都排除，使程序正确运行。

（2）逻辑错误：程序无语法错误，能正常运行，但结果错误。这种错误计算机无法检查出来。需要编程者认真检查算法或程序是否有错。

（3）运行错误：有时程序既无语法错误有无逻辑错误，程序就是不能运行出正确结果或不能正常运行。多数情况是数据不对，包括数据本身不合适或数据类型不匹配等。

下面列举出初学者在学习和使用 C 语言时容易犯的错误，起到提醒作用。

1.书写标识符时，忽略了大小写字母的区别。

例如，

```
int main( )
{
    int a = 5;
    printf("%d", A);
}
```

编译程序把 a 和 A 认为是两个不同的变量名，而显示出错信息。C 认为大写字母和小写字母是两个不同的字符。习惯上，符号常量名通常用大写表示，变量名用小写表示，以增加程序可读性。

2.忘记定义变量。

例如，

```
int main( )
{
    a = 4;
    b = 5;
    printf("%d\n", a + b);
}
```

C 语言要求对程序中用到的每一个变量都必须定义其类型，上面的程序中未对 a 和 b 进行定义。应在函数体的开头加

```
int a, b;
```

3.忽略了变量的类型，进行了不合法的运算。

例如，

```
int main( )
{
    float a, b;
    printf("%d", a % b);
}
```

%是求余运算，得到a/b的整余数。整型变量 a 和 b 可以进行求余运算，而实型变量则不允许进行"求余"运算。

4. 将字符常量与字符串常量混淆。

例如，

```
char c;
c = "a";
```

混淆了字符常量与字符串常量，字符常量是由一对单引号括起来的单个字符，字符串常量是一对双引号括起来的字符序列。C 规定以"\0"作为字符串结束标志，它是由系统自动加上的，所以字符串"a"实际上包含两个字符：'a'和'\0'，而把它赋给一个字符变量是不行的。

5. 忽略了"="与"=="的区别。

在许多高级语言中，用"="符号作为关系运算符"等于"。如在 BASIC 程序中可以写

```
if (a = 3) then …
```

但 C 语言中，"="是赋值运算符，"=="是关系运算符。例如，

```
if (a == 3) a = b;
```

前者是进行比较，a 是否和 3 相等，后者表示如果 a 和 3 相等，把 b 值赋给 a。

6. 忘记加分号。

分号是 C 语句中不可缺少的一部分，语句末尾必须有分号。

```
a = 1
b = 2
```

编译时，编译程序在"a = 1"后面没有发现分号，就把下一行"b = 2"也作为上一行语句的一部分，这就会出现语法错误。编译时，有时在被指出有错的一行中未发现错误，就需要检查一下上一行是否漏掉了分号。

```
{
    z = x + y;
    t = z / 100;
    printf("%f", t);
}
```

对于复合语句来说，最后一个语句中最后的分号不能忽略不写。注意：在 C 语言中，没有分号的就不是语句。

7. 在不该加分号的地方多加了分号。

对于一个复合语句，例如，

```
{
    z = x + y;
    t = z / 100;
    printf("%f", t);
};
```

复合语句的花括号后不应再加分号，否则将会画蛇添足。

又如，

```
if ( a ％ 3 == 0);
    i++;
```

其本意是如果 3 整除 a，则 i 加 1。但由于 if (a％3 == 0)后多加了分号，则 if 语句到此结束。即当 3 整除 a 与 0 比较为真时，执行一个空语句。之后程序将执行 i++语句，即不论 3 是否整除 a，i 都将自动加 1。

再如，

```
for (i = 0; i < 5; i++);
{
    scanf("％d", &x);
    printf("％d", x);
}
```

其本意是先后输入 5 个数，每输入一个数后再将它输出。由于 for( )后多加了一个分号，使循环体变为空语句，此时只能输入一个数并输出它。

8.把预处理指令当作 C 语句，在行末加了分号。

例如，

```
＃include "stdio. h";
```

预处理指令(包括常用的 ＃include 和 ＃define 指令)不是 C 语句，在指令后面不应加分号。预处理指令不能直接被编译，必须先由预处理器对之加工处理，成为能被编译系统识别和编译的 C 程序，才真正进行编译。

9.输入变量时忘记加地址运算符"&"。例如，

```
int a, b
scanf("％d％d", a, b);
```

这是不合法的。scanf( )函数的作用是：按照 a、b 在内存的地址将 a、b 的值存进去。"&a"指 a 在内存中的地址。

10.输入数据的方式与要求不相符。例如，

① scanf("％d％d", &x, &y);

输入时，不能用逗号作为两个数据间的分隔符，如下面的输入即不合法：

4, 5

此时输入数据时，应在两个数据之间以一个或多个空格间隔，也可用回车键、跳格键、制表符。应该用以下方法输入：

4　5

又如，

② scanf("％d,％d", &a, &b);

C 语言规定：如果在"格式控制"字符串中除了格式说明以外还有其他字符时，则在输入数据时应输入与这些字符相同的字符。下面的输入是合法的：

4, 5

此时不用逗号而用空格或其他字符反而错了。即

4　5 或 4：5

再如，

scanf("a=%d,b=%d", &a, &b);

应输入以下形式：

a=4,b=5

11.输入字符的格式与要求不一致。

在用"%c"格式输入字符时，"空格字符"和"转义字符"都作为有效字符输入。例如，

scanf("%c%c%c", &c1, &c2, &c3);

如输入 a b c，则字符'a'送给 c1，字符' '送给 c2，字符'b'送给 c3，因为%c 只要求读入一个字符，后面不需要用空格作为两个字符的间隔。

12.作为输出结果的变量没有赋初值。

例如，求数组中的最大值及最大值的下标的程序如下：

```
int main( )
{
    int a[10]={8, 2, 3, 4, 5, 6, 3, 7}, max = a[10], m, i;
    for (i = 0; i < 10; i++)
    if(a[i] > max)
    {
        max = a[i];
        m = i;
    }
    printf("%d%d", max, m);
}
```

程序看似一点毛病都没有，上机调试也都通过，但是结果却不对。原因就在下标变量 m 没有赋初值，系统随机赋了初值，导致结果错误。给 m 赋初值 0 就可以了。

13.初值赋了，但是赋的位置不对。

例如，求 100 以内的完数的程序如下：

```
s = 0;
for(i = 1; i <= 100; i++)
{
    for(j = 1; j <= i / 2; j++)
        {
            if(i % j == 0)
                s += j;
        }
    if(s == i)
        printf("%d   ", i);
}
```

是不是这样每一次循环 s 都变了？

程序运行的结果预期是 6 和 28，可是实际上却没有得到任何结果。原因就是 s = 0 这个语句放错了位置，应该放在外层循环里面，也就是每判断一个数都应该从 0 开始累加。

14.输入/输出的数据类型与所用格式说明符不一致。

例如，a 已定义为整型，b 定义为实型：

a = 3;

```
        b = 4.5；
        printf("%f%d\n", a, b)；
```

编译时不给出出错信息，但运行结果将与原意不符。这种错误尤其需要注意。

15. 输入数据时，企图规定精度。

```
        scanf("%7.2f", &a)；
```

这样做是不合法的，输入数据时不能规定精度。

16. switch 语句中漏写 break 语句。

例如，根据考试成绩的等级输出百分制数段。

```
    switch(grade)
    {
        case 'A'：printf("90~100\n")；
        case 'B'：printf("80~89\n")；
        case 'C'：printf("70~79\n")；
        case 'D'：printf("60~69\n")；
        case 'E'：printf("<60\n")；
        default：printf("error\n")；
    }
```

由于各分支中漏写了 break 语句，case 只起标号的作用，而不起判断作用。因此，当 grade 值为 A 时，printf 函数在执行完第 1 个语句后接着执行第 2、3、4、5 个 printf 函数语句。正确写法应在每个分支后再加上"break；"。例如，

```
        case 'A'：printf("85~100\n")；break；
```

17. 忽视了 while 和 do-while 语句在细节上的区别。

(1) int main( )

```
    {
        int a = 0, I；
        scanf("%d", &I)；
        while(I <= 10)
        {
            a = a + I；
            I++；
        }
        printf("%d", a)；
    }
```

(2) int main( )

```
    {
        int a = 0, I；
        scanf("%d", &I)；
        do
        {
            a = a + I；
            I++；
        }while(I <= 10)；
        printf("%d", a)；
    }
```

可以看到，当输入 I 的值小于等于 10 时，二者得到的结果相同。而当 I>10 时，二者的结果就

不同了。因为 while 循环是先判断后执行，而 do-while 循环是先执行后判断。对于大于 10 的数 while 循环一次也不执行循环体，而 do-while 语句则要执行一次循环体。

18. 循环语句中改变了循环变量的值。

例如，求水仙花数。

```
int main( )
{
    int i, a, b, c;
    for(i = 100; i < 1000; i++)
    {
        a = i % 10; i = i / 10;
        b = i % 10; i = i / 10;
        c = i % 10;                    /* i的值被改变 */
        if(a * a * a + b * b * b + c * c * c == i)
            printf("%d", i);
    }
}
```

此程序看起来思路非常正确，可是运行不出结果，出现了死循环。为什么呢？仔细观察可知，在循环语句里，循环变量 i 每次进入循环后都被改变了，导致了 i 永远都满足循环条件，所以就死循环了。为了避免此类错误，在编程时应尽量避免在循环语句中改变循环变量。

19. 对应该有花括号的复合语句，忘记加花括号。例如，

```
sum = 0;
i = 1;
while(i <= 100)
    sum = sum + i;
    i++;
```

本意是想实现 $1+2+\cdots+100$，即 $\sum_{i=0}^{100} i$，但上面的语句只是重复了 sum+i 的操作，而且循环永不终止，因为 i 的值始终没有改变。错误在于没有写成复合语句形式。因此，while 语句的范围到其后第 1 个分号为止。而语句"i++;"不属于循环体范围之内。应改为

```
sum = 0;
i = 1;
while(i <= 100)
{
    sum = sum + i;
    i++;
}
```

20. 括号不配对。

当一个语句中使用多层括号时常出现这类错误，纯属粗心所致。例如，

```
while((c = getchar( ) != '#')
        putchar(c);
```

少了一个右括号。

21. 定义数组时误用变量。

```
int n;
scanf("%d", &n);
int a[n];
```

数组名后用方括号括起来的是常量表达式，可以包括常量和符号常量。即 C 语言不允许对数组的大小做动态定义。

22. 在定义数组时，将定义的"元素个数"误认为是可使用的最大下标值。例如，

```
int main( )
{
    static int a[10] = {1, 2, 3, 4, 5, 6, 7, 8, 9, 10};
    printf("%d", a[10]);
}
```

C 语言规定：定义时用 a[10]，表示 a 数组有 10 个元素。其下标值由 0 开始，所以数组元素 a[10] 是不存在的。

23. 在不应加地址运算符 & 的位置加了地址运算符。

```
scanf("%s", &str);
```

C 语言编译系统对数组名的处理是：数组名代表该数组的起始地址，且 scanf 函数中的输入项是字符数组名，不必再加地址运算符 &。应改为

```
scanf("%s", str);
```

24. 在用 scanf 函数向数值型数组输入数据时，用数值型数组名。例如，

```
int a[20];
scanf("%d", a);
```

这是错误的。对字符数组，可以在 scanf 函数中通过格式符 %s 和数组名输入一个字符串，但对数值型数组不能。因为输入的不是一个数据，而是多个数据，必须分别通过指定数组元素输入。即

```
int a[20];
int i;
for(i = 0; i < 20; i++)
    scanf("%d", &a[i]);
```

25. 数组和整型或者实型变量不能重名。例如，

```
int main( )
{
    int a[10], a;
    ...
}
```

数组名为 a，其他变量的名字就不能再用 a。

26. 数组输出时的错误。

例如，现在想输出数组 a 中的所有数值。

```
int a[10] = {1, 2, 3, 4, 5, 6}, i;
for(i = 0; i < 10; i++)
    printf("%d", a[10]);
```

这个程序看似输出数组的 10 个元素，其实只输出了其中的一个元素。解决此类问题的办法是要理解数组下标和循环变量的关系。再如，

```
int a[10] = {1, 2, 3, 4, 5, 6}, i;
for(i = 1; i <= 10; i++)
    printf("%d", a[i]);
```

这种写法也是错误的。牢记：C 语言中数组下标是从 0 开始的。

27. 引用数组元素时误用了圆括号。例如，

```
int main( )
{
    int i, a(10);
    for(i = 0; i < 10; i++)
        scanf("%d", &a(i));
    ...
}
```

C 语言中对数组的定义或引用数组元素时必须用方括号。

28. 误将数组名代表数组中的全部记录。例如，

```
int main( )
{
    int a[4] = {1, 2, 3, 4}, b[4];
    b = a;
}
```

企图把 a 数组的全部元素的值赋给 b 数组相应的元素。这是错误的。在 C 语言中，数组名 a 代表数组 a 的首元素地址，数组名 b 代表数组 b 的首元素地址，二者均是地址常量，不能被赋值。

29. 对二维或多维数组的定义和引用的方法不对。例如，

```
int main( )
{
    int a[4,5];
    printf("%d", a[1+2 , 2+2]);
}
```

C 语言规定：二维数组和多维数组在定义和引用时必须将每一维的数据分别用方括号括起来。上述写法把数学上的用法习惯性地用在了 C 程序中。a[4,5] 应该改为 a[4][5]，a[1+2,2+2] 应改为 a[1+2][2+2]。根据 C 的语法规定：在一个方括号中的是一个下标表达式，系统会把 a[1+2,2+2] 方括号中两个值当成一个逗号表达式处理，即 a[1+2,2+2] 相当于 a[4]，而 a[4] 是 a 数组的第 4 行的首地址。因此，执行 printf 函数后输出的结果并不是 a[3][4] 的值，而是 a 数组第 4 行的首地址。

30. 字符串不加结束标记。例如，

```
char a[3] = "abc",b[3] = "def";
strcat(a, b);
printf("%s", a);
```

编程者本意是把字符串 b 连接在 a 后输出。可上机的运行结果却出现错误。仔细观察，原来字符串都有结束标记 '\0'，所以在定义数组长度的时候应该比实际字符个数多 1，而编程者定义的两个字符串的长度不够，应该改成长度为 4，或者更大。这样程序就不会有问题了。所以在处理字符串的时候一定要注意结束标记 '\0'，否则会出现不可预料的结果。再如，

```
int main( )
{
    char a[10] = "abcgh",b[4] = "def";
    int i = 0, j = 0;
    while(b[i] != '\0')
        {
            a[j] = b[i];
```

```
                j++;
                i++;
            }
        puts(a);
    }
```

此程序的编程本意是想把字符串 b 复制到字符串 a 中。可是在输出的时候结果为 defgh,即复制结果的内容不完全是 b 数组的值。这个错误实际上应该在输出字符串 a 之前,应该给字符串加个结束标记'\0',即 a[j] = '\0',这样程序就不会出错了。

31. 在需要加头文件时没有用♯include 指令去包含头文件。

例如,程序中用到 fabs 函数,没有用♯include "math. h";程序中用到输入/输出函数,没有用♯include "stdio. h";等等。

这是初学者常犯的错误,具体到哪个函数应该用哪个头文件,可参阅主教材的附录 F。

32. 同时定义了形参和函数中的局部变量。

```
        int max(x, y)
        int x, y, z;
        {
            z = x > y ? x : y;
            return(z);
        }
```

形参应该在函数体外定义,而局部变量应该在函数体内定义。应改为

```
        int max(x, y)
        int x, y;
        {
            int z;
            z = x > y ? x : y;
            return(z);
        }
```

33. 在引用指针变量之前未对它赋予确定的值。例如,

```
        int main( )
        {
            char * p;
            scanf("%s", p);
            ...
        }
```

没有给指针变量赋值就引用它,编译时系统给出警告错误。这是因为指针变量 p 中不是空的,而是存放了一个不可预测的值,p 就指向一个存储单元的地址,而这个存储单元中有可能存放着有用的数据,如果执行了 scanf 语句,就会将字符串输入此存储单元开始的一段存储空间中,这就改变了这段存储空间的原有数据,有可能破坏了系统的工作环境,产生灾难性的后果。应改为

```
        int main( )
        {
            char * p, c[20];
            p = c;
            scanf("%s", p);
            ...
        }
```

现根据需要定义一个大小合适的字符数组 c,然后将 c 数组的首地址赋给指针变量 p,即指针

变量 p 有一个确定的值，指向 c 数组的首元素。再执行 scanf 函数就没有问题了，从键盘输入的字符串就存放到了字符数组 c 中。

34. 所调用的函数在调用语句之后才定义，而又在调用前没有声明。例如，

```c
int main( )
{
    float a, b, c;
    a = 2.0; b = -4.5;
    c = max(a, b);
    printf("max=%f\n", c);
    return 0;
}

float max(float x, float y)
{
    float z;
    if(x > y) z = x;
    else z = y;
    return(z);
}
```

这个程序初看起来好像没有什么问题，但在编译时显示有出错信息。原因是 max 函数在 main 函数之后定义。改正错误的方法有如下两种。

方法 1：在 main 函数中增加一个 max 函数的声明语句。

```c
int main( )
{
    float max(float x, float y);        /* 声明将要用到的 max 函数为实型 */
    float a, b, c;
    a = 2.0;
    b = -4.5;
    c = max(a, b);
    printf("max=%f\n", c);
    return 0;
}
```

方法 2：将 max 函数的定义位置放在 main 函数之前。

```c
float max(float x, float y)
{
    float z;
    if(x > y) z = x;
    else z = y;
    return(z);
}

int main( )
{
    float a, b, c;
    a = 2.0;
    b = -4.5;
    c = max(a, b);
    printf("max=%f\n", c);
    return 0;
}
```

35. 对函数声明与函数定义不匹配。

例如，假如已定义了一个函数 func( )，函数首部为

```
int func(int x, long y, float z)
```

在主调函数中做如下的声明将会出错：

```
func(int x, long y, float z);                    /* 少写了函数类型 */
float func(int x, long y, float z);              /* 函数类型不匹配 */
int func(int x, int y, int z);                   /* 函数参数类型不一致 */
int func(int x, long y);                         /* 参数数目不一致 */
int func(int x, float z, long y);                /* 参数顺序不匹配 */
```

正确的声明如下：

```
int func(int x, long y, float z);
int func(int, long, float);                      /* 可以不写形参名 */
int func(int a, long b, float c);                /* 编译时不检查函数原型中的形参名 */
```

函数声明部分一定要和函数定义部分做到函数类型一致，参数个数相同、类型一致、顺序一致。

36. 不同类型的指针混用。例如，

```
int main( )
{
    int a = 3, * p1;
    float i = 2.0; * p2;
    p1 = &a;
    p2 = &i;
    p2 = p1;
    printf("%d,%d\n", * p1, * p2);
    return 0;
}
```

程序目的是让 p2 也指向 a，但 p2 是指向实型变量的指针，不能指向整型变量。若要想实现不同类型间指针的赋值，则必须通过强制类型转换。例如，

```
p2 = (float * )p1;
```

37. 数组名与指针变量的区别。

```
int main( )
{
    int j, * p, a[5] = {1, 2, 3, 4, 5};
    for(j = 0; j < 5; j++)
    {
        printf("%d", a++);
    }
    return 0;
}
```

程序企图通过 a 值的改变使指针下移，每循环一次指向下一个元素。错误在于不了解数组名代表数组的首地址，其值是不能改变的，所以使用 a++ 是错误的。改正程序有两种方法。

方法 1：

```
int main( )
{
    int j, * p, a[5] ={1, 2, 3, 4, 5};
```

```
        p = a;
        for(j = 0; j < 5; j++)
        {
            printf("%d ", * p++);
        }
    }
```

方法 2：

```
int main( )
{
    int * p, a[5] = {1, 2, 3, 4, 5};
    for(p = a; p < (a + 5); p++)
    {
        printf("%d", * p);
    }
    return 0;
}
```

38. 结构体变量与结构体类型的区别。

```
struct stud
{
    long id;
    char name[10];
    int age;
};
stud. id = 1001;
strcpy(stud. name, "wang");
stud. age = 18;
```

程序段的意图是定义一个结构体变量并赋值，但 struct stud 只是类型名，即定义了一种数据类型，它不是变量，编译器不为其分配内存空间，就像编译器不为 int 型分配内存是一样的。只能为结构体类型变量的成员赋值，不能对类型的成员赋值。所以应先对结构体类型定义变量，然后再对其中的成员赋值。上面的程序段应改为

```
struct stud
{
    long id;
    char name[10];
    int age;
};
struct stud stud_1;           /* 定义结构体变量 stud_1 */
stud_1. id = 1001;
strcpy(stud_1. name, "wang");
stud_1. age = 18;
```

另外，还可以在定义结构体类型的同时定义结构体变量。

```
struct stud
{
    long id;
    char name[10];
    int age;
}stud_1;                      /* 定义结构体类型的同时定义结构体变量 */
stud_1. id = 1001;
strcpy(stud_1. name, "wang");
stud_1. age = 18;
```

附录 C　C 语言编译错误信息表

C 编译程序查出源程序中有 3 类出错信息：致命错误、一般错误和警告。

致命错误出现很少，它通常是内部编译出错。在发生致命错误时，编译立即停止，必须采取一些适当的措施并重新编译。

一般错误指程序的语法错误、磁盘或内存存取错误或命令错误等。编译程序将根据事先设定的出错个数来决定是否停止编译。编译程序在每个阶段（预处理、语法分析、优化、代码生成）尽可能多地发现源程序中的错误。

警告并不阻止编译进行。它指出一些值得怀疑的情况，而这些情况本身又有可能合理地成为源程序的一部分。如果在源文件中使用了与机器有关的结构，编译也将产生警告信息。

编译程序首先输出这三类错误信息，然后输出源文件名和发现出错的行号，最后输出信息的内容。

下面列出了 3 类出错信息。对每一条信息，都指出了可能产生的原因及纠正方法。C 编译系统对于出错信息产生的行号，不限定于正文某行设置的语句，因此，真正的错误有可能在指出行号的前一行或前几行。

1. 致命错误

（1）Bad call of in-line function 内部函数非法调用

在使用一个宏定义的内部函数时，没有正确调用。一个内部函数以双下画线（_ _）开始和结束。

（2）Irreducible expression tree 不可约表达式树

这种错误是由于源文件中的某些表达式太复杂，使得代码生成程序无法为它产生代码，因此，这种表达式必须避免使用。

（3）Register allocation failure 存储器分配失效

这种错误指的是源文件行中的表达式太复杂，代码生成程序无法为它生成代码。此时应简化这种繁杂的表达式或干脆避免使用它。

2. 一般错误

（1）#operator not followed by macro argument name

运算符后无宏变量名。在宏定义中，# 用于标识宏变量名。"#"后必须跟宏变量名。

（2）'xxxxxx' not an argument

'xxxxxx'不是函数参数。在源程序中将该标识符定义为一个函数参数，但此标识符未在函数表中出现。

3. Ambiguous symbol 'xxxxxx'

二义性符号'xxxxxx'。两个或多个结构的某一域名相同，但具有的偏移、类型不同。在变量或表达式中引用该域而未带结构名时，将产生二义性，此时需修改某个域名或在引用时加上结构名。

4. Argument ♯ missing name

参数♯名丢失。参数名已脱离用于定义函数的函数原型。如果函数以原型定义，该函数必须包含所有的参数名。

5. Argument list syntax error

函数表出现语法错误。函数调用的参数间必须以逗号隔开，并以一右括号结束。若源文件中含有一个其后不是逗号也不是右括号的参数，则出错。

6. Array bounds missing

数组的界限符"]"丢失。在源文件中定义了一个数组，但此数组未以一右方括号结束。

7. Array size too large

数组长度太大。定义的数组太大，可用内存不够。

8. Assembler statement too long

汇编语句太长。内部汇编语句最长不能超过 480 字节。

9. Bad configuration file

配置文件不正确。TURBOC.CFG 配置文件中包含有不合适命令行选择项的非注解文字。配置文件命令选择项必须以一短横线(—)开始。

10. Bad file name format in include directive

使用 include 指令时，文件名格式不正确。include 文件名必须用引号("filename. h")或尖括号(<filename. h>)括起来，否则将产生此类错误。如果使用了宏，则产生的扩展正文也不正确(因为无引号)。

11. Bad ifdef directive syntax

ifdef 指令语法错误。♯ifdef 必须包含一个标识符(不能是任何其他东西)作为该指令体。

12. Bad ifndef directive syntax

ifndef 指令语法错误。♯ifndef 必须包含一个标识符(不能是任何其他东西)作为该指令体。

13. Bad undef directive syntax

undef 指令语法错误。♯undef 指令必须包含一个标识符(不能是任何其他东西)作为该指令体。

14. Bad file size syntax

位字段长度语法错误。一个位字段必须是 1～16 位的常量表达式。

15. Call of non-function

调用未定义函数。正被调用的函数无定义，通常是由于不正确的函数声明或函数名拼错造成的。

16. Cannot modify a const object

不能修改一个常量对象。对定义为常量的对象进行不合法操作(如常量赋值)引起此类错误。

17. Case outside of switch

Case 出现在 switch 外。编译程序发现 Case 语句出现在 switch 语句外面，通常是由于括号不匹配造成的。

18. Case statement missing

Case 语句漏掉。Case 语句必须包含一以冒号终结的常量表达式。可能的原因是丢了冒号或在冒号前多了别的符号。

19. Case syntax error

Case 语法错误。Case 中包含了一些不正确符号。

20. Character constant too long

字符常量太长。字符常量只能是一个或两个字符长。

21. Compound statement missing

复合语句漏掉了大括号"}"。编译程序扫描到源文件末时，未发现结束大括号，通常是由于大括号不匹配造成的。

22. Conflicting type modifiers

类型修饰符冲突。对同一指针，只能指定一种变址修饰符(如 near 或 far)；而对于同一函数，也只能给出一种语言修饰符(如 cdecl、pascal 或 interrupt)。

23. Constant expression required

要求常量表达式。数组的大小必须是常量，此类错误通常是由于 #define 常量的拼写出错而引起的。

24. Could not find 'xxxxxxxx. xxx'

找不到'xxxxxxxx'文件。编译程序找不到命令行上给出的文件。

25. Declaration missing

说明漏掉';'。在源文件中包含了一个 struct 或 union 域声明，但后面漏掉了分号(;)。

26. Declaration needs type or storage class

说明必须给出类型或存储类。说明必须包含一个类型或一个存储类。

27. Declaration syntax error

说明出现语法错误。在源文件中，某个说明丢失了某些符号或有多余的符号。

28. Default outside of switch

Default 在 switch 外出现。编译程序发现 default 语句出现在 switch 语句之外，通常是由于括号不匹配造成的。

29. Default directive needs an identifer

Default 指令必须有一个标识符。#define 后面的第一个非空格符必须是一个标识符，若编译程序发现一些其他字符，则出现本错误。

30. Division by Zero

除数为零。源文件的常量表达式中，出现除数为零的情况。

31. Do statement must have while

Do 语句中必须有 while。源文件中包含一个无 while 关键字的 do 语句时，出现此类错误。

32. Do-while statement missing (

Do-while 语句中漏掉了"("。在 do 语句中，编译程序发现 while 关键字后无左括号。

33. Do-while statement missing)

Do-while 语句中漏掉了")"。在 do 语句中,编译程序发现 while 关键字后无右括号。

34. Do-while statement missing;

Do-while 语句中漏掉了分号。在 do 语句中的条件表达式中,编译程序发现右括号后面无分号。

35. Duplicate Case

Case 后的常量表达式重复。switch 语句的每个 case 必须有一个唯一的常量表达式值。

36. Enum syntax error

Enum 语法出现错误。enum 说明的标识符表的格式不对。

37. Enumeration constant syntax error

枚举常量语法错误。赋给 enum 类型变量的表达式值不为常量。

38. Error Directive:xxx

Error 指令: xxx。源文件处理 #error 指令时,显示该指令的信息。

39. Error writing output file

写输出文件出现错误。通常是由于磁盘空间满造成的,尽量删掉一些不必要的文件。

40. Expression syntax

表达式语法错误。当编译程序分析一表达式发现一些严重错误时,出现此类错误,通常是由于两个连续操作符、括号不匹配或缺少括号、前一语句漏掉了分号等引起的。

41. Extra parameter in call

调用时出现多余参数。调用函数时,其实际参数个数多于函数定义中的参数个数。

42. Extra parameter in call to xxxxxxxx

调用 xxxxxxxx 函数时出现了多余的参数,其中该函数由原型定义。

43. File name too long

文件名太长。#include 指令给出的文件名太长,编译程序无法处理。DOS 下的文件名不能超过 64 个字符。

44. For statement missing (

For 语句漏掉"("。编译程序发现在 for 关键字后缺少左括号。

45. For statement missing)

For 语句漏掉")"。在 for 语句中,编译程序发现在控制表达式后缺少右括号。

46. For statement missing;

For 语句缺少";"。在 for 语句中,编译程序发现在某个表达式后缺少分号。

47. Function call missing)

函数调用缺少")"。函数调用的参数表有几种语法错误,如左括号漏掉或括号不匹配。

48. Function definition out of place

函数定义位置错误。函数定义不可出现在另一函数内。函数内的任何说明,只要以类似于带有一个参数表的函数开始,就被认为是一个函数定义。

49. Function doesn't take a variable number of argument

函数不接受可变的参数个数。源文件中的某个函数内使用了 va_start 宏，此函数不能接受可变数量的参数。

50. Goto statement missing label

Goto 语句缺少标号。在 goto 关键字后面必须有一个标识符。

51. If statement missing (

If 语句缺少"("。在 if 语句中，编译程序发现 if 关键字后面缺少左括号。

52. If statement missing)

If 语句缺少")"。在 if 语句中，编译程序发现测试表达式后缺少右括号。

53. Illegal character ')'(0xxx)

非法字符')'(0xxx)。编译程序发现输入文件中有一些非法字符。以十六进制方式输出该字符。

54. Illegal initialization

非法初始化。初始化必须是常量表达式或一全局变量 extern 或 static 的地址减一常量。

55. Illegal octal digit

非法八进制数。编译程序发现在一个八进制常数中包含了非八进制数字(8 或 9)。

56. Illegal pointer subtraction

非法指针相减。这是由于试图以一个非指针变量减去一个指针变量而造成的。

57. Illegal structure operation

非法结构操作。结构只能使用(.)、取地址(&)和赋值(＝)操作符，或作为函数的参数传递。当编译程序发现结构使用了其他操作符时，出现此类错误。

58. Illegal use of floating point

浮点运算非法。浮点运算操作数不允许出现在移位、按位逻辑操作、条件(?:)、间接引用(＊)及其他一些操作符中。编译程序发现上述操作符中使用了浮点操作数时，出现此类错误。

59. Illegal use of pointer

指针使用非法。指针只能在加、减、赋值、比较、间接引用(＊)或箭头(→)操作中使用。如用其他操作符，则出现此类错误。

60. Improper use of a typedef symbol

typedef 符号使用不当。源文件中使用了 typedef 符号，变量应在一个表达式中出现。检查一下此符号的说明和可能的拼写错误。

61. In-line assembly not allowed

内部汇编语句不允许。源文件中含有直接插入的汇编语句，若在集成环境下进行编译，则出现此类错误。必须使用 TCC 命令行编译此源文件。

62. Incompatible storage class

不相容的存储类。源文件的一个函数定义中使用了 extern 关键字，而只有 static(或根本没有存储类型)允许在函数说明中出现。extern 关键字只能在所有函数外说明。

63. Incompatible type conversion

不相容的类型转换。源文件中试图把一种类型转换成另一种类型，但这两种类型是不相容的。如函数与非函数间转换、一种结构或数组与一种标准类型转换、浮点数和指针间转换等。

64. Incorrect command line argument：xxxxxxxx

不正确的命令行参数：xxxxxxxx。编译程序认为此命令行参数是非法的。

65. Incorrect configuration file argument：xxxxxxxx

不正确的配置文件参数：xxxxxxxx。编译程序认为此配置文件是非法的。检查一下前面的短横线(－)。

66. Incorrect number format

不正确的数据格式。编译程序发现在十六进制数中出现十进制小数点。

67. Incorrect use of default

default 使用不正确。编译程序发现 default 关键字后缺少冒号。

68. Initializer syntax error

初始化语法错误。初始化过程缺少或多了操作符、括号不匹配或其他一些不正常情况。

69. Invalid indirection

无效的间接运算。间接运算操作符(＊)要求非 void 指针作为操作分量。

70. Invalid macro argument separator

无效的宏参数分隔符。在宏定义中，参数必须用逗号相隔。编译程序发现在参数名后面有其他非法字符时，出现此类错误。

71. Invalid pointer addition

无效的指针相加。源程序中试图把两个指针相加。

72. Invalid use of arrow

箭头使用错。在箭头(→)操作符后必须跟标识符。

73. Invalid use of dot

点(.)操作符使用错。在点(.)操作符后必须跟标识符。

74. Lvalue required

赋值请求。赋值操作符的左边必须是一个地址表达式，包括数值变量、指针变量、结构引用域、间接指针和数组分量。

75. Macro argument syntax error

宏参数语法错误。宏定义中的参数必须是一个标识符。编译程序发现所需的参数不是标识符的字符，则出现此类错误。

76. Macro expansion too long

宏扩展太长。一个宏扩展不能多于 4096 个字符。当宏递归扩展自身时，常出现此类错误。宏不能对自身进行扩展。

77. May compile only one file when an output file name is given

给出一个输出文件名时，可能只编译一个文件。在命令行编译中使用－O 选择，只允许一个输出文件名。此时，只编译第一个文件，其他文件被忽略。

78. Mismatch number of parameters in definition

定义中参数个数不匹配。定义中的参数和函数原型中提供的信息不匹配。

79. Misplaced break

break 位置错误。编译程序发现 break 语句在 switch 语句或循环结构外。

80. Misplaced continue

continue 位置错误。编译程序发现 continue 语句在循环结构外。

81. Misplaced decimal point

十进制小数点位置错。编译程序发现浮点常数的指数部分有一个十进制小数点。

82. Misplaced else

else 位置错误。编译程序发现 else 语句缺少与之相匹配的 if 语句。此类错误的产生，除了由于 else 多余外，还有可能是由于有多余的分号、漏写了大括号或前面的 if 语句出现语法错误而引起。

83. Misplaced elif directive

elif 指令位置错。编译程序没有发现与 ♯elif 指令相匹配的 ♯if、♯ifdef 或 ♯ifndef 指令。

84. Misplaced else directive

else 指令位置错。编译程序没有发现与 ♯else 指令相匹配的 ♯if、♯ifdef 或 ♯ifndef 指令。

85. Misplaced endif directive

endif 指令位置错。编译程序没有发现与 ♯endif 指令相匹配的 ♯if、♯ifdef 或 ♯ifndef 指令。

86. Must be addressable

必须是可编址的。取址操作符(&)作用于一个不可编址的对象，如寄存器变量。

87. Must take address of memory location

必须是内存一地址。源文件中某一表达式使用了不可编地址操作符(&)，如对寄存器变量。

88. No file name ending

无文件名终止符。在 ♯include 语句中，文件名缺少正确的闭引号(")或尖括号(>)。

89. No file names given

未给出文件名。Turbo 命令行编译(TCC)中没有任何文件。编译必须有一文件。

90. Non-portable pointer assignment

对不可移植的指针赋值。源程序中将一个指针赋给一个非指针，或相反。但作为特例，允许把常量零值赋给一个指针。如果比较恰当，可以强行抑制本错误信息。

91. Non-portable pointer comparison

不可移植的指针比较。源程序中将一个指针和一个非指针(常量零除外)进行比较。如果比较恰当，应强行抑制本错误信息。

92. Non-portable return type conversion

不可移植的返回类型转换。在返回语句中的表达式类型与函数说明中的类型不同。但如果函数的返回表达式是一指针，则可以进行转换。此时，返回指针的函数可能送回一个常量零，而零被转换成一个适当的指针值。

93. Not an allowed type

不允许的类型。在源文件中说明了几种禁止了的类型，如函数返回一个函数或数组。

94. Out of memory

内存不够。所有工作内存用完，应把文件放到一台有较大内存的机器去执行或简化源程序。此类错误也往往出现在集成开发环境中运行大的程序，这时可退出集成开发环境，再运行你自己的程序。

95. Pointer required on left side of

操作符左边须是一指针。

96. Redeclaration of 'xxxxxxxx'

'xxxxxxxx'重定义。此标识符已经定义过。

97. Size of structure or array not known

结构或数组大小不定。有些表达式（如 sizeof 或存储说明）中出现一个未定义的结构或一个空长度数组。如果结构长度不需要，在定义之前就可引用；如果数组不申请存储空间或者初始化时给定了长度，那么就可定义为空长。

98. Statement missing ;

语句缺少";"。编译程序发现一表达式语句后面没有分号。

99. Structure or union syntax error

结构或联合语法错误。编译程序发现在 struct 或 union 关键字后面没有标识符或左花括号。

100. Structure size too large

结构太大。源文件中说明了一个结构，它所需的内存区域太大以致存储空间不够。

101. Subscripting missing]

下标缺少"]"。编译程序发现一个下标表达式缺少右方括号。可能是由于漏掉或多写操作符或括号不匹配引起的。

102. Switch statement missing (

switch 语句缺少"("。在 switch 语句中，关键字 switch 后面缺少左括号。

103. Switch statement missing)

switch 语句缺少")"。在 switch 语句中，变量表达式后面缺少右括号。

104. Too few parameters in call

函数调用参数不够。对带有原型的函数调用（通过一个函数指针）参数不够。原型要求给出所有参数。

105. Too few parameters in call to 'xxxxxxxx'

调用'xxxxxxxx'时参数不够。调用指定的函数（该函数用一原型声明）时，给出的参数不够。

106. Too many cases

case 太多。switch 语句最多只能有 257 个 case。

107. Too many decimal points

十进制小数点太多。编译程序发现一个浮点常量中带有不止一个的十进制小数点。

108. Too many default cases

default 太多。编译程序发现一个 switch 语句中有不止一个的 default 语句。

109. Too many exponents

阶码太多。编译程序发现一个浮点常量中有不止一个的阶码。

110. Too many initializers

初始化太多。编译程序发现初始化比说明所允许的要多。

111. Too many storage classes in declaration

说明中存储类太多。一个说明只允许有一种存储类。

112. Too many types in declaration

说明中类型太多。一个说明只允许有一种下列基本类型：char、int、float、double、struct、union、enum 或 typedef 名。

113. Too much auto memory in function

函数中自动存储太多。当前函数声明的自动存储(局部变量)超过了可用的存储器空间。

114. Too much code define in file

文件定义的阶码太多。当前文件中函数的总长超过了 64KB。可以移去不必要的阶码或把源文件分开来写。

115. Too much global data define in file

文件中定义的全程数据太多。全程数据声明的总数超过了 64KB。检查一下一些数组的定义是否太长。如果所有的说明都是必要的，考虑重新组织程序。

116. Two consecutive dots

两个连续点。因为省略号包含 3 个点(…)，而十进制小数点和选择操作符使用一个点(.)，所以在 C 程序中程序程序两个连续点是不允许的。

117. Type mismatch in parameter ♯

第♯个参数类型不匹配。通过一个指令访问已由原型说明的参数时，给定第♯参数(从左到右)不能转换为已说明的参数类型。

118. Type mismatch in parameter ♯ in call to 'xxxxxxxx'

调用'xxxxxxxx'时，第♯个参数类型不匹配。源文件中通过一个原型说明了指定的函数，而给定的参数(从左到右)不能转换为已说明的参数类型。

119. Type mismatch in parameter 'xxxxxxxx'

参数'xxxxxxxx'类型不匹配。源文件中由原型说明了一个函数指针调用的函数，而所指定的参数不能转换为已说明的参数类型。

120. Type mismatch in parameter 'xxxxxxxx' in call to 'yyyyyyyy'

调用'yyyyyyyy'时参数'xxxxxxxx'类型不匹配。源文件中由原型说明了一个指定的参数，而指定参数不能转换为另一个已说明的参数类型。

121. Type mismatch in redeclaration of 'xxx'

重定义类型不匹配。源文件中把一个已经说明的变量重新说明为另一种类型。如果一个函数被调用，而后又被说明成返回非整型值也会产生此类错误。在这种情况下，必须在第一个调用函数前，给函数加上 extern 说明。

122. Unable to creat output file 'xxxxxxxx.xxx'

不能创建输出文件'xxxxxxxx.xxx'。当工作软盘已满或有写保护时产生此类错误。如果软盘已满，删除一些不必要的文件后重新编译；如果软盘有写保护，把源文件移到一个可写的软盘上并重新编译。

123. Unable to creat turboc.lnk

不能创建 turboc.lnk。编译程序不能创建临时文件 turboc.lnk，因为它不能存取磁盘或者磁盘已满。

124. Unable to execute command 'xxxxxxxx'

不能执行'xxxxxxxx'命令。找不到 TLINK 或 MASM，或者磁盘出错。

125. Unable to open include file 'xxxxxxxx.xxx'

不能打开包含文件'xxxxxxxx.xxx'。编译程序找不到该包含文件。可能是由于一个 ♯ include 文件包含它本身而引起的，也可能是根目录下的 CONFIG.SYS 中没有设置能同时打开的文件个数(试加一句 files=20)。

126. Unable to open input file 'xxxxxxxx.xxx'

不能打开输入文件'xxxxxxxx.xxx'。当编译程序找不到源文件时出现此类错误。检查文件名是否拼错或检查对应的软盘或目录中是否有此文件。

127. Undefined label 'xxxxxxxx'

标号'xxxxxxxx'未定义。函数中 goto 语句后的标号没有定义。

128. Undefined structure 'xxxxxxxx'

结构'xxxxxxxx'未定义。源文件中使用了未经说明的某个结构。可能是由于结构名拼写错或缺少结构说明而引起。

129. Undefined symbol 'xxxxxxxx'

符号'xxxxxxxx'未定义。标识符无定义，可能是由于说明或引用处有拼写错误，也可能是由于标识符说明错误引起。

130. Unexpected end of file in comment started on line ♯

源文件在第 ♯ 个注释行中意外结束。通常是由于注释结束标志(*/)漏掉引起的。

131. Unexpected end of file in conditional started on line ♯

源文件在 ♯ 行开始的条件语句中意外结束。在编译程序遇到 ♯endif 前源程序结束，通常是由于 ♯endif 漏掉或拼写错误引起的。

132. Unknown preprocessor directive 'xxx'

不认识的预处理指令'xxx'。编译程序在某行的开始遇到'♯'字符，但其后的指令名不是下列之一：define、undef、line、if、ifdef、ifndef、include、else 或 endif。

133. Unterminated character constant

未终结的字符常量。编译程序发现一个不匹配的省略符。

134. Unterminated string

未终结的字符串。编译程序发现一个不匹配的引号。

135. Unterminated string or character constant

未终结的串或字符常量。编译程序发现串或字符常量开始后没有终结。

136. User break

用户中断。在集成环境里进行编译或连接时用户按了 Ctrl-Break 键。

137. While statement missing (

while 语句漏掉'('。在 while 语句中,关键字 while 后面缺少左括号。

138. While statement missing)

while 语句漏掉')'。在 while 语句中,关键字 while 后面缺少右括号。

139. Wrong number of arguments in of 'xxxxxxxx'

调用'xxxxxxxx'时参数个数错误。源文件中调用某个宏时,参数个数不对。

三、警告错误

1. 'xxxxxxxx' declared but never used

说明了'xxxxxxxx'但未使用。在源文件中说明了此变量,但未使用。当编译程序遇到复合语句或函数的结束处时,发出此警告。

2. 'xxxxxxxx' is assigned a value which is never used

'xxxxxxxx'被赋值,没有使此变量出现在一个赋值语句中,但直到函数结束都未使用过。

3. 'xxxxxxxx' not part of structure

'xxxxxxxx'不是结构的一部分。出现在(.)或箭头(→)左边的域名不是结构的一部分,或者点的左边不是结构,箭头的左边不指向结构。

4. Ambiguous operators need parentheses

二义性操作符需要括号。当两个位移、关系或按位操作符在一起使用而不加括号时,发出此警告;当一加法或减法操作符不加括号与一位移操作符出现在一起时,也发出此警告。程序员总是混淆这些操作符的优先级,因为它们的优先级不太直观。

5. Both return and return of a value used

既用返回又用返回值。编译程序发现同时有带值返回和不带值返回的 return 语句,发出此类警告。

6. Call to function with prototype

调用无原型函数。如果"原型请求"警告可用,且又调用了一无原型的函数,就发出此类警告。

7. Call to function 'xxxx' with prototype

调用无原型的'xxxx'函数。如果"原型请求"警告可用,且又调用了一个原先没有原型的函数'xxxx',就发出本警告。

8. Code has no effect

代码无效。当编译程序遇到一个含无效操作符的语句时,发出此类警告。如语句 a＋b,对每一变量都不起作用,无须操作,且可能引出一个错误。

9. Constant is long

常量是 long 类型。当编译程序遇到一个十进制常量大于 32767，或一个八进制常量大于 65535 而其后没有字母"I"或"L"时，把此常量当作 long 类型处理。

10. Constant out of range in comparision

比较时常量超出了范围。在源文件中有一比较，其中一个常量子表达式超出了另一个子表达式类型所允许的范围。如一个无符号常量跟−1 比较就没有意义。为得到一大于 32767（十进制数）的无符号常量，可以在常量前加上 unsigned（如（unsigned）65535）或在常量后加上字母"u"或"U"（如 65535u）。

11. Conversion may lose significant digits

转换可能丢失高位数字。

12. Function should return a value

函数应该返回一个值。源文件中说明的当前函数的返回类型既非 int 型也非 void 型，但编译程序未发现返回值。返回 int 型的函数可以不说明，因为在老版本的 C 语言中，没有 void 类型来指出函数不返回值。

13. Mixing pointers to signed and unsigned char

混淆 signed 和 unsigned 字符指针。没有通过显式的强制类型转换，就把一个字符指针变为无符号指针，或相反。

14. No declaration for function 'xxxxxxxx'

函数'xxxxxxxx'没有说明。当"说明请求"警告可用，而又调用了一个没有预先说明的函数时，发出此警告。函数说明可以是传统的，也可以是现代的风格。

15. Non-portable pointer assignment

不可移植指针赋值。源文件中把一个指针赋给另一非指针，或相反。作为特例，可以把常量零赋给一指针。如果合适，可以强行抑制本警告。

16. Non-portable pointer comparision

不可移植指针比较。源文件中把一个指针和另一非指针（非常量零）做比较。如果合适，可以强行抑制本警告。

17. Non-portable return type conversion

不可移植返回类型转换。Return 语句中的表达式类型和函数说明的类型不一致。作为特例，如果函数或返回表达式是一个指针，这是可以的，在此情况下返回指针的函数可能返回一个常量零，被转变成一个合适的指针值。

18. Parameter 'xxxxxxxx' is never used

参数'xxxxxxxx'未使用。函数说明中的某参数在函数体中从未使用，这不一定是一个错误，通常是由于参数名拼写错误而引起的。如果在函数体内，该标识符被重新定义为一个自动（局部）变量，也将出现此类警告。

19. Possible use of 'xxxxxxxx' before definition

在定义'xxxxxxxx'之前可能已使用。源文件的某一表达式中使用了未经赋值的变量，编译程序对源文件进行简单扫描以确定此条件。如果该变量出现的物理位置在对它赋值之前，便会产生此警告，当然程序的实际流程可能在使用前已赋值。

20. Possible incorrect assignment

可能的不正确赋值。当编译程序遇到赋值操作符作为条件表达式（如 if、while 或 do-while 语句的一部分）的主操作符时，发出警告，通常是由于把赋值号当作符号使用了。如果希望禁止此警告，可把赋值语句用括号括起，并且把它与零作显式比较，如 if(a＝b) … 应写为 if ((a＝b)!＝0) …。

21. Redefinition of 'xxxxxxxx' is not identical

'xxxxxxxx' 重定义不相同。源文件中对命令宏重定义时，使用的正文内容与第一次定义时不同，新内容将代码旧内容。

22. Restarting compiler using assembly

用汇编重新启动编译。编译程序遇到一个未使用命令行选择项－B 或 ♯prapma inline 语句的 asm。通过使用汇编重新启动编译。

23. Structure passed by value

结构按值传送。如果设置了"结构按值传送"警告开关，则在结构作为参数按值传送时产生此警告。通常是在编制程序时，把结构作为参数传递，而又漏掉了地址操作符(&)。因为结构可以按值传送，因此这种遗漏是可接受的。本警告只起一个指示作用。

24. Suplerfluous & with function or array

在函数或数组中有多余的 '&' 号。取址操作符(&)对一个数组或函数名是不必要的，应该去掉。

25. Suspicious pointer conversion

值得怀疑的指针转换。编译程序遇到一些指针转换，这些转换引起指针指向不同的类型。如果合适，应强行抑制此类警告。

26. Undefined structure 'xxxxxxxx'

结构 'xxxxxxxx' 未定义。在源文件中使用了该结构，但未定义。可能是由于结构名拼写错误或忘记定义而引起的。

27. Unknown assembler instruction

不认识的汇编指令。编译程序发现在插入的汇编语句中有一个不允许的操作码。检查此操作的拼写，并查看一下操作码表看该指令能否被接受。

28. Unreachable code

不可达代码。break、continue、goto 或 return 语句后未跟标号或循环函数的结束符。编译程序使用一个常量测试条件来检查 while、do 和 for 循环，并试图知道循环有没有失败。

附录 D　C 语言常见错误中英文对照表

fatal error C1003：error count exceeds number；stopping compilation
中文对照：错误太多，停止编译
分析：修改之前的错误，再次编译

fatal error C1004：unexpected end of file found
中文对照：文件未结束
分析：一个函数或者一个结构定义缺少"}"，或者在一个函数调用或表达式中括号未配对出现，或者注释符 "/*…*/"不完整等

fatal error C1010：unexpected end of file while looking for precompiled header directive
中文对照：寻找预编译头文件路径时遇到了不该遇到的文件尾
分析：一般是没有 #include "stdafx.h"

fatal error C1021：invalid preprocessor command 'inculde'
中文对照：无效的预编译命令 inculde
分析：include 拼写错了

fatal error C1083：Cannot open include file：'xxx'：No such file or directory
中文对照：无法打开头文件 xxx：没有这个文件或路径
分析：头文件不存在，或者头文件拼写错误，或者文件为只读

fatal error C1903：unable to recover from previous error(s)；stopping compilation
中文对照：无法从之前的错误中恢复，停止编译
分析：引起错误的原因很多，建议先修改之前的错误

error C2001：newline in constant
中文对照：常量中创建新行
分析：字符串常量多行书写

error C2006：#include expected a filename，found 'identifier'
中文对照：#include 命令中需要文件名
分析：一般是头文件未用一对双引号或尖括号括起来，如"#include stdio.h"

error C2007：#define syntax
中文对照：#define 语法错误
分析：例如"#define"后缺少宏名

error C2008：'xxx'：unexpected in macro definition
中文对照：宏定义时出现了意外的 xxx
分析：宏定义时宏名与替换串之间应有空格，如"#define TRUE"1""

error C2009：reuse of macro formal 'identifier'
中文对照：带参宏的形式参数重复使用
分析：宏定义如有参数不能重名，如"#define s(a,a) (a*a)"中参数 a 重复

error C2010：'character'：unexpected in macro formal parameter list
中文对照：带参宏的参数表出现未知字符
分析：例如"#define s(r|) r*r"中参数多了一个字符'|'

error C2011：'C…'：'class' type redefinition
中文对照："C"类重定义
分析：类"C…"重定义

error C2014：preprocessor command must start as first nonwhite space

    中文对照：预处理命令前面只允许空格

    分析：每一条预处理命令都应独占一行，不应出现其他非空格字符

---

error C2015：too many characters in constant

    中文对照：常量中包含多个字符

    分析：字符型常量的单引号中只能有一个字符，或是以"\"开始的一个转义字符

---

error C2017：illegal escape sequence

    中文对照：转义字符非法

    分析：一般是转义字符位于′′或″″之外，如"char error ＝ ′′\n；"

---

error C2018：unknown character 0xa3

    中文对照：未知的字符 0xa3

    分析：一般是输入了中文标点符号，例如"char error ＝ ′E′；"中的"；"为中文标点符号

---

error C2019：expected preprocessor directive, found 'character'

    中文对照：期待预处理命令，但有无效字符

    分析：一般是预处理命令的♯号后误输入其他无效字符，例如"♯! define TRUE 1"

---

error C2021：expected exponent value, not 'character'

    中文对照：期待指数值，不能是字符

    分析：一般是浮点数的指数表示形式有误，例如 123.456E

---

error C2039：'identifier1'：is not a member of 'idenifier2'

    中文对照：标识符 1 不是标识符的成员

    分析：程序错误地调用或引用结构体、共用体、类的成员

---

error C2048：more than one default

    中文对照：default 语句多于一个

    分析：switch 语句中只能有一个 default，删去多余的 default

---

error C2050：switch expression not integral

    中文对照：switch 表达式不是整型的

    分析：switch 表达式必须是整型（或字符型），例如"switch（″a″）"中表达式为字符串，这是非法的

---

error C2051：case expression not constant

    中文对照：case 表达式不是常量

    分析：case 表达式应为常量表达式，例如"case ″a″"中的""a""为字符串，这是非法的

---

error C2052：'type'：illegal type for case expression

    中文对照：case 表达式类型非法

    分析：case 表达式必须是一个整型常量（包括字符型）

---

error C2057：expected constant expression

    中文对照：希望是常量表达式

    分析：定义数组时一般定义数组长度为变量，例如"int n＝10；int a[n]；"中的 n 为变量，是非法的。有时也出现在 switch 语句的 case 分支中，case 后的常量写成了变量

---

error C2058：constant expression is not integral

    中文对照：常量表达式不是整数

    分析：一般定义数组时数组长度不是整型常量

---

error C2059：syntax error：'xxx'

    中文对照：'xxx'语法错误

    分析：引起错误的原因很多，可能多加或少加了符号 xxx

---

error C2064：term does not evaluate to a function

    中文对照：无法识别函数语言

    分析：1.函数参数有误，表达式可能不正确，例如"sqrt(s(s－a)(s－b)(s－c))；"中表达式不正确

        2.变量与函数重名或该标识符不是函数，例如"int i,j；j=i()；"中的 i 不是函数

---

error C2065：'xxx'：undeclared identifier

    中文对照：未定义的标识符 xxx

    分析：1.如果 xxx 为 cout、cin、scanf、printf、sqrt 等，则程序中包含头文件有误

        2.未定义变量、数组、函数原型等，注意拼写错误或区分大小写

error C2078：too many initializers
中文对照：初始值过多
分析：一般是数组初始化时初始值的个数大于数组长度，例如"int b[2]={1,2,3};"

error C2082：redefinition of formal parameter 'xxx'
中文对照：重复定义形式参数 xxx
分析：函数首部中的形式参数不能在函数体中再次被定义

error C2084：function 'xxx' already has a body
中文对照：已定义函数 xxx
分析：在 Visual C++早期版本中函数不能重名，6.0 中支持函数的重载，函数名相同但参数不一样

error C2086：'xxx'：redefinition
中文对照：标识符 xxx 重定义
分析：变量名、数组名重名

error C2087：'<Unknown>'：missing subscript
中文对照：下标未知
分析：一般是定义二维数组时未指定第二维的长度，例如"int a[3][];"

error C2100：illegal indirection
中文对照：非法的间接访问运算符"＊"
分析：对非指针变量使用"＊"运算

error C2105：'operator' needs l—value
中文对照：操作符需要左值
分析：例如"(a+b)++;"语句，"++"运算符无效

error C2106：'operator'：left operand must be l-value
中文对照：操作符的左操作数必须是左值
分析：例如语句"a+b=1;"，"="运算符左值必须为变量，不能是表达式

error C2110：cannot add two pointers
中文对照：两个指针量不能相加
分析：例如"int ＊pa,＊pb,＊a；a ＝ pa ＋ pb;"中两个指针变量不能进行"＋"运算

error C2117：'xxx'：array bounds overflow
中文对照：数组 xxx 边界溢出
分析：一般是字符数组初始化时字符串长度大于字符数组长度，例如"char str[4] ＝ "abcd";"

error C2118：negative subscript or subscript is too large
中文对照：下标为负或下标太大
分析：一般是定义数组或引用数组元素时下标不正确

error C2124：divide or mod by zero
中文对照：被零除或对 0 求余
分析：例如"int i ＝ 1 / 0;"除数为 0

error C2133：'xxx'：unknown size
中文对照：数组 xxx 长度未知
分析：一般是定义数组时未初始化也未指定数组长度，例如"int a[];"

error C2137：empty character constant。
中文对照：字符型常量为空
分析：一对单引号"''"中不能没有任何字符

error C2143：syntax error：missing 'token1' before 'token2'
error C2146：syntax error：missing 'token1' before identifier 'identifier'
中文对照：在标识符或语言符号 2 前漏写语言符号 1
分析：可能缺少"{"、")"或";"等语言符号
例如，syntax error：missing ';' before '{'　　句法错误："{"前缺少";"
例如，syntax error：missing ';' before identifier 'dc'　　句法错误：在"dc"前丢了";"

error C2144：syntax error：missing ')' before type 'xxx'
中文对照：在 xxx 类型前缺少")"
分析：一般是函数调用时定义了实参的类型

error C2181：illegal else without matching if
中文对照：非法的没有与 if 相匹配的 else
分析：可能多加了";"或复合语句未使用"{}"

error C2196：case value '0' already used
中文对照：case 值 0 已使用
分析：case 后常量表达式的值不能重复出现

error C2296：'%'：illegal, left operand has type 'float'
error C2297：'%'：illegal, right operand has type 'float'
中文对照：%运算的左（右）操作数类型为 float，这是非法的
分析：求余运算的对象必须均为 int 类型，应正确定义变量类型或使用强制类型转换

error C2371：'xxx'：redefinition；different basic types
中文对照：标识符 xxx 重定义；基类型不同
分析：定义变量、数组等时重名

error C2440：'='：cannot convert from 'char [2]' to 'char'
中文对照：赋值运算，无法从字符数组转换为字符
分析：不能用字符串或字符数组对字符型数据赋值，更一般的情况，类型无法转换

error C2447：missing function header (old-style formal list?)
error C2448：'<Unknown>'：function－style initializer appears to be a function definition
中文对照：缺少函数标题(是否是老式的形式表?)
分析：函数定义不正确，函数首部的"( )"后多了分号或者采用了老式的 C 语言的形参表

error C2450：switch expression of type 'xxx' is illegal
中文对照：switch 表达式为非法的 xxx 类型
分析：switch 表达式类型应为 int 或 char

error C2466：cannot allocate an array of constant size 0
中文对照：不能分配长度为 0 的数组
分析：一般是定义数组时数组长度为 0

error C2601：'xxx'：local function definitions are illegal
中文对照：函数 xxx 定义非法
分析：一般是在一个函数的函数体中定义另一个函数

error C2632：'type1' followed by 'type2' is illegal
中文对照：类型 1 后紧接着类型 2，这是非法的
分析：例如"int float i;"语句

error C2660：'xxx'：function does not take n parameters
中文对照：函数 xxx 不能带 n 个参数
分析：调用函数时实参个数不对，例如"sin(x,y);"

error C2676：binary '<<'：'class istream_withassign' does not define this operator or a conversion to a type acceptable to the predefined operator
error C2676：binary '>>'：'class ostream_withassign' does not define this operator or a conversion to a type acceptable to the predefined operator
分析："≫"、"≪"运算符使用错误，例如"cin≪x；cout≫y；"

error C4716：'xxx'：must return a value
中文对照：函数 xxx 必须返回一个值
分析：仅当函数类型为 void 时，才能使用没有返回值的返回命令

fatal error LNK1104：cannot open file "Debug/Cpp1.exe"
中文对照：无法打开文件 Debug/Cpp1.exe
分析：重新编译连接

fatal error LNK1168：cannot open Debug/Cpp1.exe for writing
中文对照：不能打开 Debug/Cpp1.exe 文件
分析：一般是 Cpp1.exe 还在运行，未关闭

fatal error LNK1169：one or more multiply defined symbols found 　　中文对照：出现一个或更多的多重定义符号 　　分析：一般与 error LNK2005 一同出现
error LNK2001：unresolved external symbol _main 　　中文对照：未处理的外部标识 main 　　分析：一般是 main 拼写错误，例如"void mian()"
error LNK2005：_main already defined in Cpp1. obj 　　中文对照：main 函数已经在 Cpp1. obj 文件中定义 　　分析：未关闭上一程序的工作空间，导致出现多个 main 函数
warning C4067：unexpected tokens following preprocessor directive-expected a newline 　　中文对照：预处理命令后出现意外的符号—期待新行 　　分析："♯include<iostream. h>;"命令后的";"为多余的字符
warning C4091：'' ：ignored on left of 'type' when no variable is declared 　　中文对照：当没有声明变量时忽略类型说明 　　分析：语句"int ;"未定义任何变量，不影响程序执行
warning C4101：'xxx'：unreferenced local variable 　　中文对照：变量 xxx 定义了但未使用 　　分析：可去掉该变量的定义，不影响程序执行
warning C4244：'='：conversion from 'type1' to 'type2', possible loss of data 　　中文对照：赋值运算，从数据类型 1 转换为数据类型 2，可能丢失数据 　　分析：需正确定义变量类型，数据类型 1 为 float 或 double、数据类型 2 为 int 时，结果有可能不正确，数据类型 1 为 　　　　double、数据类型 2 为 float 时，不影响程序结果，可忽略该警告
warning C4305：'initializing'：truncation from 'const double' to 'float' 　　中文对照：初始化，截取双精度常量为 float 类型 　　分析：出现在对 float 类型变量赋值时，一般不影响最终结果
warning C4390：';'：empty controlled statement found；is this the intent? 　　中文对照：';'控制语句为空语句，是程序的意图吗？ 　　分析：if 语句的分支或循环控制语句的循环体为空语句，一般是多加了";"
warning C4508：'xxx'：function should return a value；'void' return type assumed 　　中文对照：函数 xxx 应有返回值，假定返回类型为 void 　　分析：一般是未定义 main 函数的类型为 void，不影响程序执行
warning C4552：'operator'：operator has no effect；expected operator with side-effect 　　中文对照：运算符无效果；期待副作用的操作符 　　分析：例如"i+j;"语句，"+"运算无意义
warning C4553：'=='：operator has no effect；did you intend '='? 　　中文对照："=="运算符无效；是否为"="? 　　分析：例如"i==j;"语句，"=="运算无意义
warning C4700：local variable 'xxx' used without having been initialized 　　中文对照：变量 xxx 在使用前未初始化 　　分析：变量未赋值，结果有可能不正确，如果变量通过 scanf 函数赋值，则有可能漏写"&"运算符，或变量通过 cin 赋 　　　　值，语句有误
warning C4715：'xxx'：not all control paths return a value 　　中文对照：函数 xx 不是所有控制路径都有返回值 　　分析：一般是在函数的 if 语句中包含 return 语句，当 if 语句的条件不成立时没有返回值
warning C4723：potential divide by 0 　　中文对照：有可能被 0 除 　　分析：表达式值为 0 时不能作为除数